JN164655

猫にGPSをつけてみた

夜の森
半径二キロの大冒険

高橋のら

雷鳥社

まえがき

朝は猫と散歩し、夜はＧＰＳで猫の冒険する姿、知られざる能力をさぐる。そんなことができたのは、広々としたこの地に暮らしたからこそ。ほかでは知り得ない貴重な体験です。東京から引っ越した大分県国東（くにさき）半島で始めた猫との暮らしは、それまで何十年も猫を飼ってきた僕の「猫」への認識を鮮やかに塗り替えました。

六匹の猫たちと、ぞろぞろと一時間散歩する毎日。散歩の時間になると、猫たちは目を輝かせて集まってきます。猫がこんなに散歩好きだったとは初めて知りました。

ただ田舎であるだけではこんなことはできません。引っ越した家は昔みかん山だったところで、人里まで二キロ。人も車も通らない道だから、猫たちは毎日、僕の散歩についてくるのです。一キロでも二キロでも、道端の草の匂いをかぎながら、木に駆けのぼりながら、急がずはぐれず。

猫たちだけで出歩くときは、迷子にならないかと心配になり、いろんなくふうもしてみました。

ごはんの時間に音楽を鳴らしたり、散歩の時間にラッパを鳴らしたりすると、合図を覚えた猫たちは走って帰ってきます。騒音のない山だからできる、僕たちだけの合図です。


いったいどこまで遊びに出かけているのかとGPSをつけてみたら、毎晩四キロ、四時間も歩きながら、ちゃんと朝ごはんの時間に合わせて帰ってきているのです。家の方角がわかっていて、行きとは違う道を帰ったり、ちゃっかり近道したりもしています。

絶対音感で音を覚える能力、正確な方向感覚、時間感覚。

いつも寝てばかりでか弱く見えた猫は、とてもたくましい生き物だったのです。


飼うというより同居人の、たのもしい猫たち。

東京では知らなかった、自由な猫との暮らし、その姿を紹介します。

僕たちの家族になった6匹

山の上の公園で拾った4兄妹

しま兄（オス）

動かざること山のごとし。よく食べ、よく眠る太っちょな一家の長男。自分では強いと思っているらしいがケンカは連戦連敗。

ひでじ（オス）

体重6kgの強面マッチョマン。だけど強さは優しさ。顔に似合わず兄妹一温厚な性格。名前はいぶし銀の名優・大滝秀治から拝借。

ちー（メス）

いちばん勝ち気でいちばんの甘ったれ。文句も甘える時のゴロゴロも猫一倍うるさい。初対面の人の膝でも眠れる人見知りしない小町娘。

ぷー（メス）

人に甘えたいけどモジモジしているだけの控えめな女の子。猫づきあいが苦手なので、家にいるより外をブラブラしているのが好き。

山で生まれ育った野良たち

エリカ（メス、大人）

子供たちがご飯を食べ終わるまで自分は口をつけない強き野良の母。緑の眼の美人だけれど人間には心を開いてくれない。

クロ（メス、大人）

エリカ母子と人間の橋渡しをしてくれた女スナフキンは里山の旅人。木々の間を吹き抜ける風のように気ままな姉さん。

くつした（オス。エリカの子）

手足が白いから「くつした」。いつもこそこそ、びくびくのビビリ屋。ケンカのときも蚊の鳴くような声。しましまと一緒でないと眠れない。

しましま（メス。エリカの子）

一族の中でいちばんのチビっ子。身軽だから木に駆け登り、小鳥やトカゲを捕まえるのが得意。いつも脳天気で天真爛漫な女の子。

国東の里山で暮らす
六匹の一日

am5:00 朝ごはんに集合

合図は♪
「犬のおまわりさん」

食後は狩りへ！

パフパフ～♪
ラッパの合図で
全員集合！

am7:00 みんな一緒に1時間の散歩

am2:00～
夜の大冒険に、いざ出発！

GPSでその軌跡をたどると……？

pm10:00 布団に入って朝までぐっすりと思いきや……

食後は狩りへ！

「犬のおまわりさん」♪

pm5:00 晩ごはんに集合

am8:00～ 畑仕事を見守って、のんびりお昼寝

目次

第二章　毎日、猫と散歩する

第三章　猫にＧＰＳをつけてみた

第一章

六匹の猫と出会う

野良たちと出逢う

大分県の国東半島。瀬戸内の海に面した温暖でのどかな地。東京で生まれ育った僕は、妻の実家がある緑豊かなこの地を故郷のように思って引っ越してきた。

以前から、歳を取ったら国東へ移り住もうと考えていたが、東京にいなくとも同じ仕事が続けられる目途がついたので、予定を早めて移住することにしたのだ。

移り住んだところは昔ミカン畑だった小さな山（標高一〇〇メートル）のてっぺん。過疎で人家は減って、今では三〇〇メートル先に隣家が一軒あるきり。人里まで二キロ。市の中心まで車で一〇分と便利ながら、奇跡的に人がいない。東京では隣の家の壁まで五〇センチで、見渡す限りに家がひしめいていたのに。

湖のように大きな溜め池を抱いたこの里山の上には、いつも貸し切り状態の展望公園があり、瀬戸内海を囲む四国と本州の一大パノラマが眼下一面に広がっている。

この広さ、一面の緑。なんてのびのびできるんだろう。

でもひと月も経つと、それがちょっぴり寂しくもなってきた。

そんな六月のある朝。庭先に野良猫の家族がやってきた。

最初に見たのは黒猫。ちっちゃい子猫もついて歩いてる。
翌日、ソーセージを庭の隅へそっと置いてみた。そしたらこ
そこそ集まってきてあっという間に完食。どうやら四匹いる
らしい。
夕方になったらみんなそろって来たんで晩ご飯をあげた。
今朝も夜が明けたらもうみんな並んで待っている。
でも軒先には近づいてくれず七メートル先の庭の隅っこにい
るから、窓からそっと双眼鏡で観察。

キジトラのママと、瓜二つの子猫。まだ生まれて二か月くら
いかな？　手足の白い子猫とは双子だろう。
全身真っ黒なお姉ちゃんは大人。母子の親戚かもしれない。
勝手にママとかお姉ちゃんとか言ってるが、猫飼い歴の長い
僕は大人の猫ならまず性別を当てる自信がある。
雄猫は一回り体が大きいし、首周りががっしり太いのだ。

ご飯を持って出て行くと皆サーッと逃げちゃうんだが、僕が家に戻るとソロソロっと集まってきて満腹になるまで食べる。食べ終わったら陽のあたる庭の草陰で全員昼寝。子猫なんて折り重なって、ちっこい猫団子状態。

東京で飼っていた姉妹猫が天に召したとき、あまりの寂しさに、もう猫とは暮らすまいと誓ったのに。ああ、だめだ。子猫の可愛さに理性崩壊。ホームセンターに行ってカリカリ買ってきた。

日が経つにつれ自然と名前がついて性別も確認できた。美人だけどツンとしたキジトラのママは「エリカ」。子猫の兄は白靴下を履いてるんで「くつした」。ママそっくりの小さな妹は縞々模様だから「しましま」。真っ黒なお姉ちゃんはやっぱり「クロ」。

いずれはみんな家へ入れて飼いたいけれど、僕に慣れてくれるまでは、外でご飯をあげよう。

野良猫クロと歩く

出会って数週間後、朝の散歩へ出ようとしたら、縁側にクロが来ていた。

クロがそこに座っているときは、ご飯の器が空っぽのとき。野良一家を代表してちゃんと催促に来る。

ほっそりと端正な顔だちで、賢そうに見えるクロ。僕のような新参者にもすぐ打ち解けて、掌にのせた煮干でも怖がらずに食べる。でも、おかわりをくれと声をあげたり、甘えてすり寄ったりすることはない。

自分の子供ではないくつしたやしましまの傍らにいて、からみついてくる二匹の頭を舐めたり、毛づくろいをしたり、尻尾でじゃらしてあげたり。だけど自分からじゃれついたりはせず静かに見守っている。飄々（ひょうひょう）として村人にも旅人にも優しい、ムーミン谷のスナフキンのようなたたずまい。

野良家族が寝泊まりしているのは、家から一〇〇メートル離れた義兄の農場にあるビニールハウス。毎朝カリカリと水を持って、そこまでクロと一緒に坂道を下りていく。

国東半島は両子山（標高七二一メートル）を中心にした円錐形。放射状に延びる尾根のひとつにある我が家からは、杉林の頭越しに、瀬戸内の静かな海と四国の島影がよく見える。佐田半島の付け根あたり、西日本最高峰の石鎚山から朝陽が昇ってきて、世界がうっとりするような橙色に染まっていく。杉の葉の積もる道にクロの長い長い影ができる。僕とクロの吐く息が、朝靄の杉林へ溶けていく。

クロはたいてい小走りに足元を追い抜いていく。全速力で「ふにゃー」と叫びながら駆け出すこともある。そういう日は、「あ、クロ元気だな」と嬉しくなる。たまにノソノソと後ろをついてくるだけの日は、「お、どした？　具合悪いのか？」と気になったりする。

東京にいた頃は猫を室内で飼っていた。夏は涼しく冬は暖かく、病魔や事故の気配がない家の中。寝ても、起きても、いつも猫たちが傍にいる暮らし。だけどこうやってクロと歩くように、ほどよい距離で暮らすのもいいかもしれない。

好きなときに好きなところへ行って、バッタや蝶々を捕まえ

て、原っぱや廃屋の瓦屋根でごろんと昼寝をして、木に登って空を眺め、枝にとまった小鳥を追いかける。
そしてお腹が空いたらご飯だけもらいに来るんだ。

一日二回ぐらい顔を合わせて、

「お、元気かい？」

「うん、元気だよ」

みたいな関係。

クロがご飯を食べ終わったら並んで座って、少しの間だけ遠くの海や朝焼け雲を見るような関係。

都会には都会の猫との暮らしがあり、田舎には田舎の猫との暮らしがあるんだろう。

母は強く美しく

半径二キロに人の住む家が二軒しかない山の中。

なぜそんなところに野良猫家族が住み着いているのか。

近くに農場を持つ義兄によると、十数年前に誰かが捨てた猫

の末裔らしい。
義兄の猫に対する考え方は「自然淘汰」。農場の鼠を捕ってくれるから排除はしないが、積極的に世話もしない。ご飯を少しあげる程度なので、たくさん子猫が生まれることもなく、生まれても冬を越す猫は少ないという。

エリカはこの春先に四匹の子供を産んだけれど、そのうちの二匹は死んでしまったらしい。そして生き延びた二匹がしましまとくつしたというわけだ。
僕が毎日ご飯をあげて栄養状態が良くなれば、野良家族はネズミ算ならぬネコ算式にお産が増えるだろう。増え続ける全員の面倒をみるなんて無理だから、エリカたちにはいずれ不妊手術をする予定だ。

うちの庭先へ野良たちが現れてからひと月以上が過ぎ、子猫二匹の警戒心は少し緩んだような気がする。
けれど、若い母親のエリカはまったく気を許してくれない。毎朝毎夕カリカリを運んでいるのだから少しくらい心を許してくれてもいいのに、僕の顔を見ると、いつも歯を剥き出してシャーとかウーとか唸る。澄んだ翡翠色の眼が印象的な、

せっかくの美人が台なし。
子供たちが母屋に近づくと慌てて飛んできて、首の後ろをくわえて物陰まで引っぱっていく。
でも子猫といったってもう生後三か月。くわえても地面にお尻がついちゃってる。「やめろよー」と手足をバタバタさせながらずるずるひきずられていく姿は微笑ましいが、エリカは至って真剣。この一時も緩まない警戒心が、しましまとくつしたを守ってきたんだろう。

山にはアナグマや、タヌキや、大きなイノシシもいる。木登りも満足にできない子猫たちは、獣たちの格好の標的だ。だから母猫はどんなときにも気が抜けない。
そしてエリカは、子供たちが食べ終わるまで、自分は食べない。別に皿を用意してあっても、子供たちがお腹いっぱいになったのを見届けてからでないと口をつけないのだ。

すっかり僕に懐いたクロにつられて、くつしたとしましまはあと一〇メートルというところまで近づいてくるようになったが、エリカのこの様子では、触れるようになるまでにはまだまだ時間がかかりそうだ。

猫は冬毛で丸くなる——野良猫から外飼いの猫へ

九月も終わりに近づくと、急にトンボが増えてくる。白いの、赤いの、群れをなして空いっぱいに飛び交っている。

猫たちも冬毛に生え変わってふかふか丸くなってきた。

室内飼いの猫では気づきにくいが、野良たちは見るからに毛が多くなり、長さも伸びる。


毛が伸びただけでなく、しましまとくつしたは初めてうちの庭へ来た六月に比べて、一回りくらいは大きくなった。

庭で遊ぶようにはなったが、まだ僕が出て行くと逃げる。

ご飯を食べているときそっと近づこうとしても、皿から顔を上げてシャーッと威嚇する。

お世話のしがいがないったらない。

それでもしましまは無邪気なところがあって、猫じゃらし（エノコログサ）をゆらゆら近づけると我を忘れて飛びかかる。

でも手を近づけると、ハッと我に返って逃げていく。

くつしたは猫じゃらしに夢中な妹を、ススキの陰から心配そうに見ている。少しでも物音がすると飛んで逃げる臆病なお兄ちゃんだ。

二匹の性格は正反対だが、追いかけっこしたり取っ組み合ったり、遊び疲れると重なって昼寝したりと仲がいい。それを少し離れたところから、エリカとクロが見守っている。

引っ越してきて四か月。ほかに野良猫は農場にこもりきりのお婆ちゃん猫がいるだけとわかった。

この広い山の中で、たった五匹きりの野良猫。

どうせ人から食事をもらうのなら、我が家に来て一緒に暮らせば、冬毛を伸ばさなくても温かい寝床で寝られるのに。

そんな暮らし方があるなんて夢にも思わず、草の先から先へとトンボを追いかけるしましまは、窓の外を眺める猫しか知らなかった僕の眼には生き生きと映る。


四匹が住み家にしているビニールハウスには鉄でできた器具ばかり並んでいて、どこを寝床にしているのかわからない。

冷たいコンクリートの床に段ボール箱を積み、箱の中に古い毛布を丸めて押し込んで寝床をつくる。

翌朝見に行くと、箱からぴょこんと兄妹が顔を出した。

もはや野良でなく外飼いの家族。

母子いっしょなら
寒くない

陰から見守る母

今度は捨て猫を拾う

野良家族へ晩ご飯を届けてから、山のてっぺんにある公園までぷらぷら歩いた。

展望台にのぼって両子山へ落ちる秋の夕陽に見とれていると、どこかから子猫の声がする。それもなんだか必死な声。

展望台を下り、膝まで伸びた草をかき分ける。

叫びすぎたのか、子猫らしくないしわがれた声を探していくと、遊歩道を灰色の子猫が歩いてきた。

目が小さくてきつい顔。お前、あんまり可愛くないな。

ニャ、ニャと僕の顔を見上げて一生懸命何か言っている。

手を伸ばしても逃げない。持ち上げても嫌がらない。

男の子か？　女の子か？

と見ていたら、後ろの草むらから同じような大きさの灰色が一匹、黒いのが一匹。そしてまた一匹。

なんと四匹もいた。

みんなおんなじきつい顔。四つ子に違いない。

たまたま野良家族の晩ご飯の残りを持っていたんで振る舞うと、ガツガツとすごい勢い。みんな腹ペコだったんだろう。

昨日はいなかったから今日捨てられたんだろうな。

人には慣れているがさすがに四匹は抱いて帰れない。

明日もう一回来て、そのときもまだいたらなんとかしよう。

そう決めて帰ろうとしたら、四匹全員、ちょこまか走りながら必死についてくる。

秋の夕闇に包まれた坂道を下りながら三五〇メートル。

結局家までついてきちゃったよ。


やっぱり昨日まで家の中で飼われていたんだろう。

玄関を開けるとためらうことなく飛び込み、人にも家にもまるで警戒心がない。

走って喉が渇いたのかボウルの水を並んで飲むと、机の下へ敷いた膝掛けの上で四匹団子になって寝てしまった。


家の中に猫がいるのは四年ぶり。

きつい三角眼を閉じているとけっこう可愛い。

生後三か月くらいかな?

気温は冬へ向かって日に日に下がり続けている。ここで保護しなかったら、飢えや、寒さや、イノシシの餌食になっちゃうよな。

だけど野良の家族にご飯をあげると決めたとき、僕はその四

匹の生涯に責任を負うと決めたつもり。その上さらにもう四匹というのはいかにも荷が重い。

仮住まいで二間しかないうちよりも、田舎ならではの広々した家にもらわれるほうがこの子らも幸せだろう。

翌日すぐに写真を撮って里親募集サイトへ掲載した。

掲載期間は一か月。早い子は数日でもらい手が決まってる。

誰かもらってくれるかなあ？　もらってくれるよな？

妻とそう話しながらも、写真は、可愛くない四匹がよりぶさいくに見えるものを選んだ。


そんなことなど知りもしない子猫四兄妹。

すでに自分の家のように、昼夜を問わず大運動会。

狭い部屋を全速力で走り、机に広げていた書類を引き裂く。

お気に入りのカップも、花瓶も、植木鉢も、置物も、端から床へ落として粉々。イヤホンケーブルを噛みちぎり、新調したばかりのカーテンへ駆けのぼる。

山上から突如我が家へ降り立った小さな破壊神たち。

捨てられたのはこのやりたい放題が原因かも。

猫のやんちゃなんて、生後半年くらいまでなのになあ。

そしてカーテンがビリビリのボロボロになった頃、里親募集の掲載期間がひっそりと終了。

問い合わせは一件もなかった。

誰ももらってくれないならしかたない、うちで飼うしかないじゃないか？

実は最初から手離したくなかった四匹。

正式に我が家の子として迎え入れることになった。


四つ子だけれどなんとなく長男次男などと呼んでいる。

あの日、公園で懸命に鳴きわめいて助けを求めた灰縞の男の子。この子のおかげで兄妹が命拾いした。

だから彼が長男。名前は「しま兄（にい）」。

取っ組み合いの兄妹ゲンカにも参加せず、悠々と傍観するのみ。動じない性格なのか、動くのが面倒なのか。

動かざること岩の如し。


同じ灰縞柄の妹が長女。

ちょこまかよく走るから「ちー」。

いつも何やら文句を言っている。

膝にのせようとすると猫キックと絶叫で断固嫌がるが、自分から膝にのってくるとゴロゴロ喉を鳴らして離れない、今時の言葉で言うツンデレ。


もう二匹は一見黒猫にも見える濃い黒縞。

いちばん体がでかく顔つきも恐い次男は「ひでじ」。

子猫にしてはおっさんくさいので、いぶし銀な名優の大滝秀治から名前を拝借した。

ひでじが押さえ込むと誰も勝てないマッチョだが、毎日兄妹の毛づくろいをしてやる優しい次男坊。


そして次女の「ぷー」。

拾ったときはいちばんチビで、山の上の公園から家まで他の三匹に置いていかれないよう必死に走ってついてきた。一人静かにしているのが好きで、甘えたいときも、ただじっとそばに座っている控えめな子。


これで庭に四匹。家の中に四匹。

二度と飼わないと誓ったはずが、国東へ来て半年で猫八匹に囲まれた暮らし。

だけどこれもまた何かの縁。なんだかうれしい縁。

さあみんな、一緒に暮らそう。

ちー（長女）
気が強い

しま兄（長男）
このあと おデブに…

ぷー（次女）
ひかえめな子

ひでじ（次男）
マッチョで やさしい

家まで走って
ついてきちゃった

外猫たちの冬支度

師走に入って毎朝少しずつ気温が下がっていく。

花も枯れ、草も枯れ、あれほど鳴いていた秋の虫たちの声もいつか消えた。虫だけでなく、冬には鳥も鳴かなくなるなんて、東京では気づきもしなかった。


九州といっても北部に位置する国東半島では雪も積もる。

この山で生まれる野良の子猫は、寒い冬を越せずに命を落としてしまうこともあるらしい。

初めての冬を迎える幼いくつしたとしましまが心配だ。


彼らが寝起きしているビニールハウスは、雨漏りはなさそうだが扉もないし足下までビニールが張られていない。

そこで、家から五〇メートル坂を上がったところにある古い廃倉庫へ引っ越しさせようと企んだ。

そこはもう今ではまったく使われていないミカン倉庫。

段々畑の上にあって、瀬戸内の青い海と、四国の佐田岬や石鎚山脈が遠く見渡せる。

まあ、猫たちに眺めは関係ないかもしれないが、ここなら雨も風も台風も雪も心配ないし、イタズラ小僧もイノシシもカラスも来ないだろう。

ビニールハウスから家を通り越して倉庫まで、上り坂に沿って二〇〇メートル。

まず小さな犬小屋を用意してその中にカリカリを置く。猫たちが慣れたら一日に一〇メートルぐらいずつ犬小屋を倉庫へ向かって移動させる。

猫たちはお腹がすくと犬小屋へやってきて、食べ終わるとまたビニールハウスへ帰っていく。

八日目くらいに倉庫が見えてきた。

最後の日は雨が降っていたんで三〇メートルほどを一気に移動。倉庫の軒先へ犬小屋を置いてみた。

「あれ、ここで寝られそうだな」と思ったのか、雨だからビニールハウスへ帰るのが面倒だったのか、そのままミカン倉庫に居ついてくれた。

ミカン倉庫は間口が約八メートル、奥行は一六メートル。

両脇に軽トラが入っていける広い通路があって、中央には、

ミカンを並べておく棚が天井まで何段も並んでいる。
猫たちにしてみたら、好きなだけ登ったり下りたり、広すぎる倉庫全体がわくわくワンダーランドなのに違いないと思ったが、なぜか遊ぶのは外ばかり。

木造トタン壁、床は土のままだけれど、瓦屋根や梁(はり)はしっかりしていて雨漏りはしない。通風口へは厚手のビニールを貼り付けた。猫たちが寝る棚板の一角には古毛布を敷き詰め、その中にハクキンカイロを四つ忍ばせてみるが、温かいというほどの熱量は感じられない。

そこで友達のアドバイスで豆炭あんかを導入した。直火を使わないしランニングコストも安い。

小さなちゃぶ台を棚板に設(しつら)え、毛布ですっぽりと包む。その中に豆炭あんかを突っ込めば、昔ながらの豆炭こたつができあがり。

これだと氷点下近い外気温でもこたつの中は一〇℃以上になる。しかも豆炭の燃焼時間はたっぷり十二時間。夕方火を入れれば翌朝まで、野良家族を寒さから守ってくれる。

夕飯を食べる傍らで豆炭に火を点けている僕を、猫たちは柱の陰から不審そうに見ている。

「母ちゃん、あいつ何してるんや？」

くつしたとしましまの眼がそう言っている。

でも息が白く凍る朝にカリカリを持っていくと、気配を感じた猫たちがモソモソとこたつから這い出てくる。

ちゃっかり使ってくれているようだ。

ここいらじゃ朝日が最初にあたる山の上の猫の家。

さあ、どんと来い冬将軍。


毎朝七時半になると、ご飯と水をかついで、坂道を猫の家までのぼっていく。

凛とした冷気の中で、僕の吐く息と猫たちの吐く息が、いつまでも消えずに倉庫の中へ白く広がっていく。

辺りも無音。倉庫の中も無音。人と猫も無言。

この完全無欠な静けさを都会人は想像できないだろう。

七時四十五分になると倉庫の中へ陽が射してくる。

凍りついていた時間がゆっくりと溶け出していく。


冬至まであと十日という朝。

しんと静まり返った猫の家でカリカリを食べているくつしたに、後ろからそっと手を伸ばしてみたけど嫌がらなかった。頭と背中を撫でてみたらゴロゴロ喉を鳴らして喜んだ。


東京を出てから七か月。

くつしたと出会って半年以上。

ちょっと近づくだけで逃げていたくつしたに手が届いた朝。

野良なのにフワフワな手触りの毛並みが、毎日運び続けたカリカリに応えてくれているようで嬉しかった。


しましまは最後の三〇センチを近寄らせてくれない。手を伸ばすとスッと逃げるか、猫パンチお見舞いされる。

この三〇センチは近いようで果てもなく遠い。

それでもいつかは頭を撫でさせてくれるだろうか。


別にしましまに触ってみたいわけじゃない。

友達と認めてくれたら嬉しいだけ。

小さな鼻から吐く息が白い冬の朝

半年かけて築いた友情のハイタッチ

雪にゃんこ

火の国。南国九州。
そんな言葉は全然あてにならない。
立春を前に、もういちばん寒い時期は過ぎた、と思っていた
新参者にはびっくりのドカ雪。

なんと氷点下四℃まで下がった朝。
猫の家に置いた水も凍ってしまってた。
これじゃあ飲めないよな。
夜中の何時頃から凍っていたのかわからないけど、氷を割っ
て水を足したらしましまが一心不乱に飲み始めた。
山の中にありそうでないのが猫の水飲み場。
人家がないので雨水が溜まるような容器も転がってないし、
水たまりがあっても冬場は凍ってしまう。
溜め池は冬でも凍らないが、イノシシの出そうな杉林を越え
て七〇〇メートルも先。

入口に三メートルほど張り出した軒先から、溶けた雪が光り
ながらぽたぽた。

軒のトタンの破れ穴から射し込む朝陽がきれい。
倉庫の通路が澄んだ橙色で神々しく満ちて、クロは朝焼けの
中でインドの修行僧みたいに瞑想中。
こいつは温かい寝床を用意してやっても使っているのを見た
ことがない。いつもどこで寝ているか謎の女スナフキン。
鼻水垂れてるんだから毛布の上で寝ればいいのに。

くつしたは倉庫から出て雪の上でトイレ中。
倉庫の奥には床土の柔らかいところもあるのに、自分の家が
汚れるのは嫌なのか、好奇心からなのか？
寒くないのか、冷たくないのか、雪うさぎならぬ雪にゃんこ。

しましまは小さな膝まで積もった雪が珍しいのか、輝く新雪
の上でぐるぐる走って足跡つけまくり。
こんなに凍える朝でもみんな元気。
猫は喜び庭駆けまわる！

まだまだ油断ならない如月の初め。
屋根のある寝場所と豆炭こたつ。
丸々と生えそろった冬毛。

そして山盛りのカリカリがあれば、雪の積もる里山の冬だって怖くない。
春はもうあの瀬戸内の海の向こう。石鎚山の稜線まで来ているはずだよ。

名もない星——突然のクロの死

クロが死んじゃった。

車で家を出たとき、うちの前の坂を一〇〇メートルくらい下りた道の端に、カラスが三羽か四羽群がっていた。初めはタヌキかイタチでも死んでるのかと思ったけれど、通り過ぎるときに見たら猫だった。

すぐにクロだってわかった。

触れるとクロの身体はまだ温かく、傷もなくきれいだった。

あと少し遅かったらカラスに啄(ついば)まれていたかもしれないし、どこか違う場所に倒れていたら誰の目にも触れずに野ざらし

だったかしれない。
ここ数日で目の上の毛がごっそり抜けて病気かと心配していたが、道端にいたということは車に当たったんだろうか。うちを訪ねてくる車か、迷い込んだ車くらいしか通らない道。それもめったに通らないのに。

車に乗せて連れ帰って、タオルで身体を包んだ。

そしていつもクロが昼寝をしていた小さな森の中へ埋めた。元はミカン畑だったそこは、静かで誰も来ないところ。

妻が花と線香を取りに行っている間、クロに土をかけながら思わず涙が出た。


いつも、春風のように飄々とした女スナフキンだった。人を恐れず、人に媚びもせず、気がつくといつもそこにいる。

人を怖がるしましまとくつしたを庭に連れてきて、もらったおやつを分け与え、人との付き合い方を教えてた。

いつも歳の離れた姉のように子猫たちを見守っていた。


毎朝毎夕、玄関を出るとクロが走り寄ってきていた。

いつも一緒に猫の家まで歩いて、食事を終えたら、草むらに

並んで座って、遠く周防灘を走る船を眺めたりした。
だから、朝と夕方に玄関の戸を開けるときだけ、どうしようもない寂しさが込み上げる。

猫は死を理解するだろうか。

くつしたとしましまはクロの遺骸を見なかったから、どこか遠くへ遊びに行ったと思っているのかもしれない。

クロと遊んでいた庭で、翌日も、次の日も、変わらずじゃれ合って遊んでいる。

薄情にも思えるけれど、野良猫が仲間の死にうちのめされていたら、厳しい環境の中で生きていけないだろう。

猫たちの世界で死や別れは悲しむべきことではなく、必ずあるものとして受け入れられているのかもしれない。


春のような優しい風が吹いて、幼い兄妹が顔を上げ、小さな鼻をくんくんさせる。

クロの温もりを探しているようにも見える。

さようなら、クロ。

しましまに初めて手が届いた朝

春陽って言葉がある。

人知れずひっそりと、雨が土へ染み込むように最低気温が上がっていくんだろう。

啓蟄の三月五日。

散歩の途中でこの年初めてのヘビとカエルを見かけた。自然はなんと律儀なことか。


でも、その二日後からしましまが姿を見せない。


いつものミカン倉庫にご飯を持っていっても、くつしたとエリカしかいない。

しましまは丸二日姿を見せなかった。

いったいどこへ行ったんだ？

半年以上も毎日顔を合わせているが、二日もご飯を食べにこないなんてことは一度もなかった。


イノシシやタヌキやイタチに襲われたか、どこかの穴や池や貯水槽に落ちたか、それとも道に迷って今もどこかを歩き回

っているのか。

三日目になって車で近くの道路をくまなく走った。

事故に遭った痕跡はなかったので少しはほっとした。


今夜か、明日か、明後日か。涼しい顔で帰ってくることを願いながら、待つしか手立てがない。

猫たちは人間の心配などどこ吹く風。くつしたや、エリカはいつもと変わらない様子でご飯を食べている。


四日目のまだ薄暗い朝早く。

家にいる四匹が窓に並んでじっと外を見ているんで、時々庭を通るシカかな？　と思って庭を覗いたら、くつしたとしましまが並んで座っている。

「おお、しましま、帰ってきたんか」

怪我はしてなさそうだけど少し痩せたかな？

それでも弱っている様子はない。

ただお腹は空いていたみたいで、ご飯をあげたら食べっぷりがすごい。ほとんど何も食べていなかったんだろう。

ということは、獣にでも追われて帰り道を見失ったのか？

皿に顔を突っ込んで狂ったようにカリカリを貪るしましまの背中に、後ろから手を伸ばしてちょっと触れてみた。
しましまは、食い物のことで頭が一杯なのか嫌がらなかった。お腹に手を回してそっと抱き上げると、なんと、喉をゴロゴロ鳴らしながら僕の顔を見上げた。
どうしても、どうしても届かなかったあと十数センチの距離に、九か月かけてようやっと手が届いた朝だった。

しましまは帰ってきてから憑き物でも落ちたように懐いた。やっぱり戻ってこられてホッとしたのか、カリカリを持っていくと、ミカン倉庫の中から走り出てきて額をこすりつけてくる。猫は好きな場所や仲間に自分の匂いをつけることで安心するらしい。

やっと僕を友達と認めてくれたんだ。

拾い子たちの不妊手術

その頃我が家の四兄妹は、推定生後九か月。

拾った頃に獣医さんから「生後半年から一年の間に」と言われていた不妊手術の時期を迎えていた。

雄の発情は生後一年からと聞いていたけれど、ある朝、いちばん体の大きいひでじが妹ぷーの首筋を噛んで押さえつけ、背中へ馬乗りになっているのを発見。

こりゃ猶予はならない。


不妊手術×四匹で四回病院を往復。

手術代は雄一万円、雌二万円だが、このあと外飼いの猫たちも手術することを話すと、病院の先生は「そりゃあ大変じゃ」と四匹まとめて四万円にしてくれた。それでもかなりの出費だが、これも猫と暮らす通過儀礼。


病院の壁に並んだ入院用のケージへ押し込んでガチャンと戸を閉める。いつもはほとんど声を出さないぷーが、鉄格子の向こうから目を見開いて僕の顔を見つめながら「ふみゃー」と高く叫んだ。

日頃からまるで話しかけるようによく鳴くちーは、手術が終わって翌日迎えに行くと、僕の顔を見るなり病院の外まで聞こえるような大声で「ぎえー」と怒りの雄叫び（おたけび）をあげ、帰りの車の中でも目を三角にしてギャーギャーわめき続けていた。


そんな子猫たちも慣れない車に四十分近く揺られ、家に着いた頃には疲れ果てたのだろう、布団の上へ倒れ込んで寝てしまう。

タマの袋にちょっとメスを入れるだけの男子と違って、お腹を開ける女子はさすがにダメージが大きい。病院によるが、今回は二十針も縫ったせいか、帰ってきて二日ぐらいは見ているのがつらいほどぐったり横たわっている。手術の翌日にはもうケロッと歩いている男子二匹も、力尽きたような妹たちの気配を察したのか大人しくしている。

兄たちに見守られながら布団の上でスヤスヤ眠る姉妹を見たとき、ああ、この子らにとってここは自分の家なんだなあと改めて思った。

春は微睡。物音一つ聴こえない昼下がり

手術の後はへとへと。兄妹が抱き合って爆睡

一週間後、男子はひと針だけの縫い糸を飼い主が鋏(はさみ)で切っておしまい。女子たちも病院で抜糸を終え、元気に走り回るようになった。

山の上の展望公園から勝手に僕のあとをついてきて、そのまま家に居着いてしまったから、心のどこかに「預かり物」みたいな気持ちが残っていた四兄妹。

悪戯ばっかりしてて器量もイマイチだけど、大変な手術も頑張って終えた。これで正真正銘、四匹ともうちの子になったんだ。

外飼いのくつしたとしましまも生後十一か月くらい。冬の手術は寒くて身体に堪(こた)えるだろうと控えていたけど、もう季節はぽかぽかと春。そろそろ決行だ。

外飼い兄妹を家に入れる

全開の窓際へぶら下げた寒暖計は一六℃。

気がつけばもうすぐ春のお彼岸。

クロが眠る森をハコベが埋め始めている。

よく晴れた日、朝一番で、しましまを不妊手術のために病院へ連れていった。

一週間前からミカン倉庫にキャリーバッグを置いておいたから、中で遊んだりしていたしましまは僕の手に抱かれるままにひょいと入ってくれた。

くつしたが辺りにいないときを見計らったから、臆病な兄も妹が連れ去られたことに気づいていないはず。

ふいにバッグの入口を閉じられ、生まれて初めての車に乗せられ、生まれて初めて山を下りる。

何が起こったのかもわからず、ただ目を見開いてバッグの奥へうずくまっているしましま。わめきっぱなしだった四匹と違って、一声も発せず微動だにしない。病院のケージに入れても、目を大きく見開いたまま動かない。

人間にあまり慣れていない猫は、抜糸のためにもう一度捕まえるのが難しいという病院の判断で、入院も一週間と長い。山しか知らないしましまにとっては恐怖以外の何物でもないだろうと思う。

「ごめんな、しましま。少しのしんぼうだ」

と謝りながら病院へ預けてきた。

退院後に連れ帰ってきてミカン倉庫に放しても、次から僕の姿を見たら警戒して逃げ出すようになるだろうな。十か月かけて築き上げた信頼も友情も、全部が一瞬で水の泡。

「またあいつに捕まったら何をされるかわからない。母さんが人間は信用できないって言ってたけど本当だったんだ」

しましまにそう思われてもしかたがない。

毎朝毎夕届けるカリカリだけは食べてくれるだろうけど、額をすりつけてくれるまで、また十か月が必要になるのかも。


そこでだ。

この手術を機に、しましまとくつしたを家へ連れ込んでしまうことにした。


飲み水が凍るミカン倉庫で寝るより、家で寝てほしい。

かといって、こんなに自由に山を遊び回っている子たちを、二間しかない我が家に閉じ込める気はしない。

山の猫には山の猫の暮らし方があるものだ。

だから目標は、寝食は安全で快適な家の中。

そして遊びとトイレは青空の下に広がる見渡す限りの野山。室内飼いと野良のいいところ取りだ。
同じように、今室内飼いにしている四匹も、外出自由にすると決めた。
手術を終えたらしましまとくつしたを、しばらくの間家に閉じ込めて環境に慣らす。その間に先住の四匹とも仲良くなってもらい、頃合いをみて全員外出自由にする計画。
エリカは人嫌いすぎて、今家に入れたらパニックになりそうなので、手術だけして、家に入れる時機は様子をみようと話し合った。

病院での野良の扱い

一週間後に妻と一緒にしましまを迎えに行くと、思っていたよりしゃんと座っていてひと安心。目にも力がある。

だけどここで予想外の一悶着。院長先生曰く、

「うちの都合で手術日が遅れたから抜糸は連休明けになりますね。だからもう一週間入院してもらいます」

手術で弱っているうえに激変した環境で二週間も入院するのは、小柄なしましまにとって負担が大きすぎるのでは？ と

言うと、院長は、

「野良を預けたからにはどうなろうと覚悟してくださいよ」

と笑い飛ばす。

「野良なら死んでもいいって言うんですか？」

結婚して十六年、妻の怒鳴り声を初めて聞いた。

「そ、そんなに大切に思ってるなら最初に言ってくださいよ。うちじゃ野良猫に不妊手術すること自体珍しいんだから」

と院長は言い訳をしていたが、妻があまりにも怒り心頭なので態度を変えて平謝り。休み開けに回さず抜糸してくれることになったが、野良に生まれたというだけでこの扱いの差。せめて獣医さんなら命の価値に差をつけないでほしかった。

座敷牢の兄妹

結局、術後八日でしましまを病院から連れ帰ってくることができた。

くつしたは妹の入院中に捕まえて、畳一畳ほどのケージの中へ隔離してある。

臆病なくつしたは捕獲器の扉がガチャンと閉まったのに驚き、中で大暴れして鼻の頭を少し切ってしまった。

こんな様子じゃ去勢手術に連れていくのはちょっと無理。

女子が全員手術を終えれば子供が生まれることはないので、くつしたの手術は当分見合わせることにした。

部屋の隅へ置いたケージの中で兄妹が久しぶりに対面。先住四匹との無用な争いを避けるためとはいえ、せめて部屋がもうひとつあれば、こんな座敷牢のようなケージへ押し込まずにすむんだが。

野良育ちの兄と妹はまだ何が何やらわからないといった顔。ご飯にも口をつけず身を寄せ合って、ただただ不審と猜疑（さいぎ）の目で僕を見ている。

僕は猫の言葉を話せないから、この一連の悪行について事情を説明することもできない。願わくば時間が早く経って、彼ら兄妹がこの数日のことを全部忘れてくれればいいのに。

人間だって異なる環境に放り込まれたら慣れるのには半月やひと月はかかる。

だから猫だって長い目で見なきゃいかんよな。

ともかくこれで第一段階終了。くつしたとしましまを家の中へ引き入れることには成功したわけだ。

家の中を探検する

監禁三日目になると、座敷牢の兄妹はだいぶリラックスしてきた。表情も和らいできてご飯もよく食べる。

遠巻きにしていた元捨てられ猫たちもだんだんと近寄って、ケージを覆った毛布の隙間から物珍しそうに中を覗いている。

「お前たちさ、いつも外で遊んでた子だろ?」

四匹が代わる代わる覗き込んでは、ケージの内と外で匂いを嗅ぎ合っている。たまにシャーと威嚇したりもするが、険悪というほどではない。

この調子ならひと月もすればお互い打ち解けてくれるんじゃないか?

一日一歩、三日で三歩。

なんだかちょっと肩の荷が下りた気がする。

その日の真夜中。

しましまがケージから脱走してしまった。

いちばん小柄とはいえ体重は二キロ半。五センチしかない鉄格子の間からどうやって出たんだろう?

戻ってこられるようにケージの戸を開けておいたら、いつの間にかくつしたまで出てきちゃったよ。

それから二時間。二匹で悠然と家の中を探検。

狭い部屋の壁に沿って歩いて回り、食器棚や本棚へ飛び乗っては匂いを嗅ぎ回っている。人間や先住猫の匂いに満ちているはずでも、まるっきり初めての匂いじゃないから落ち着いていられるのかな?

窓の外を見て、出たがるような様子はない。

臆病者のはずのくつしたも、しましまと並んですたすた歩き、いったい今までのビビリはどこへ置き忘れたんだ? というぐらい余裕の態度。

むしろビビっているのは先住猫たちで、机の上で四匹、頭を低くして固まったまま新入りの動きを凝視している。

その背中を、チビのしましまが平然とまたいでいくのだ。

やっぱり外で生きてきた猫のほうが、いろんな場数を踏んでるだけに度胸もすわっているのかもしれない。

猫の飼い方を記した本やネットには、「新入りを迎え入れるときはたっぷりと時間をかけ、猫たちのペースに合

家の中は初めて見るものばかり。野良にとっては新世界

3日前まで遊んでいた里山を眺める兄と妹

わせて慣れさせるように」と教えているが、案ずるより産むが易し。
無理に仲良くなれとは言わないけれど、うまく共存してくれたら我が家はそれで十分。

朝になって散歩に出ようとしたら、冬の間クロが登っていたウツギの木に花が咲いていた。

ああクロ、お前も空の上から見ていてくれたんか？

くつしたとしましまは、どうやらうちの子になれそうだぞ。

そして六兄妹へ――野良兄妹が安眠した夜

ケージから脱出した翌日、しましまとくつしたは窓を叩いたり、カーテンレールに飛び乗ったり。

住み慣れた外へ戻ろうと出口を探していたが、二日もすると諦めたのか、家の中で遊び始めた。

杉の太い枝を切ってつくった爪研ぎでガリガリやるし、みんなと同じトイレで用を足して粗相もない。

まるで生まれたときからこの家にいるような顔で、おもちゃの猫じゃらしを追いかけて遊んだり、こたつに潜り込んでプロレスしたり。

しましまとくつしたには一年近くカリカリを運び続けたし、雨や風や寒さをしのげるような寝床もつくってあげた。

けれど忍び寄る外敵まで防ぐことはできなかった。

外の世界はいつも危険と隣り合わせ。

だから庭の木陰で昼寝していても、物音がすれば目を覚まし体を起こしていた。

今、その二匹は、仕事をする僕の机の上で団子になって無防備に眠り続けている。

この部屋から外に出られないことがわかったとき、同時に外敵も入ってこられないことを悟ったのかもしれない。


最初のうちは突然の転校生におっかなびっくりだった先住猫四匹も、一週間もすると、以前と同じようにくつろぐようになった。

それでも、野良兄妹とは別々に行動して、すれちがうときは少しでも体が触れないようにする。

しましまとくつしたが近寄っていこうとすると、のけぞるようにして避けるのだ。

少し嫌がっているようにみえた四匹が、新入り二匹を受け入れたきっかけは、次男のひでじだった。

猫一倍身体の大きいマッチョひでじは心も広い。

強さは優しさ。

懲りずに無邪気に近寄ったしましまの額を、ぺろりと舐めてやった。

ペロペロは猫世界の挨拶。

仲間として認定したということだ。


じゃれ合いのケンカでは負け知らずのひでじが新入りを認めたのを見て、二匹をにらみつけるようにして避けていた女王様気質のちーまでも、明らかに態度が変わってきた。

それまではお高く止まって
「フン、なによ新入りのくせに」
と見下していたのが、
「あ、あんた、どっから来たのさ?」

と、ちょっと歩み寄った感じ。
近づかれても避けなくなり、並んで窓の外を見たりするようになったのだ。

案ずるより猫に任すが易し。
まもなく、先住四匹全員が、しましまとくつしたの額を舐めるようになった。

今日は通販で買った猫砂とドライフードが届いた。
中身を出したらどんな猫も大好きな段ボール箱遊び。
箱の中へ飛び込んだしましまを追って男子たちが飛び込む。
箱をかきむしり、飛び出した誰かと誰かが取っ組み合い。
ほとんど幼稚園の自由時間状態。
もう、どれが家猫でどれが野良猫だったかわからない。
ようやくみんな、家族になったんだ。

夜の屋内大運動会

家の中で暮らすようになった野良育ちのしましまとくつしたは、「猫の夜行性」を見せつけてくれた。

暗くなると昼間の百倍元気になり、朝まで走り回る。


それを見て本能を呼び覚まされたのだろうか。

それまでは人間と一緒にぐっすり寝ていたしま兄たち四兄妹まで夜遊びを始めた。

そして人間が寝ている布団の上で、連夜の大運動会が繰り広げられることになってしまったのだ。


体重二キロくらいまでなら頭によじのぼられても平気だったが、一歳ほどの今、いちばん小さいしましまで二キロ半。

いちばんでかいひでじは六キロ弱もある。

六匹合わせて二五キロ余りのニャンニャン爆弾が、地響きと共に床に敷いた布団の上を駆け抜けていく。

夜が更けるにつれ鬼ごっこは白熱し、床を走った勢いで大型プリンタの台から食器棚へ駆け上がり、そこから布団へ大ジャンプ。それを一晩中延々と繰り返す。

妻は顔の上をひでじに走られて瞼（まぶた）を切ってしまい、恐怖のあまりしましまたちが入っていたケージの中で丸まって寝るようになってしまった。

歳とともに猫も大人しくなるものだが、今は人間でいうと十五歳前後。身体は大人並みで心は遊びたい盛りなんだろう。自由に駆け回っていた野山から、狭い二間に閉じ込められた元野良のストレスも相当だろうが、夜ごと怪我の恐怖に慄（おのの）きながら寝る人間のストレスも並大抵ではない。

明け方の事件

そんなある日の明け方近く。

机に座って朝飯前のひと仕事をしていると、まだ薄暗い窓の外で何やら動く気配がする。

ふと見ると、窓の下に黒くて大きい猫がいるじゃないか。

それもうちのひでじにそっくりな猫。

そいつが薄闇から、ジーっとこっちを見上げているのだ。

なんだこいつ、ここいらじゃ初めて見る猫だな。

ひょっとするとこいつがひでじ達の父親なんじゃないか？

普通の野良は目が合うと一瞬固まって、そのあと脱兎のごとく逃げ出すのが常。ところがその大きな猫は逃げもしないで僕を見上げている。

いかつく吊り上がった小さい目、太い首、がっしりした肩。見れば見るほどひでじにソックリだ。

すると今度はそのひでじ似の前を、ちーにそっくりな灰色の猫が澄まし顔でトコトコと横切っていった。

あっ、こりゃうちの猫じゃないか！

慌てて振り返ると窓の網戸がはずれて落ちていた。寝ていた妻を叩き起こし、網戸のはずれた窓から裸足で飛び出す。

窓のそばに停めてあった車の下にはしましまとぷー。二匹で向かい合い、でっかいミミズに猫パンチして遊んでいる。

少し離れた野菜畑の方にはしま兄とちーがウロウロ。土と草の上を裸足のまま追いかけ、一匹ずつ摑み上げてぽかんとしているうちに妻の待つ窓へ放り込んだ。


ちなみにくつしただけは外に出ておらず、机の上で丸まっていた。

家に連れ戻した脱走猫たちは、仲良く五匹並んで窓にはりついたまま、もう一度出たそうな顔で外の景色を眺めている。

網戸の網は猫が爪をたてても破れない、ペット専用の頑丈なものに替えてあったのだが、体重五キロを超えるしま兄が飛びかかると、網戸ごとはずれて落ちてしまうのがわかった。

ひでじに至ってはごく自然に窓や網戸を開けてしまう。和服の女性がするように右手を床に置き、左手でスーッと開けるのだ。まるで旅館の仲居さんである。

お出かけの味を覚えちゃったら、もうこれ以上閉じ込めておくのは無理じゃないか？

計画通り、全員を外出自由にする時がきたのだ。

窓にはりつく猫たちのワクワク顔を見れば、これはもう不可抗力だ。

人も車も通らない山の中。やっぱり外を駆け回りたい

集団脱走のあと家へ連れ戻され、窓越しに外を見る猫たち

いよいよ
夏の冒険が始まる！

第二章

毎日、猫と散歩する

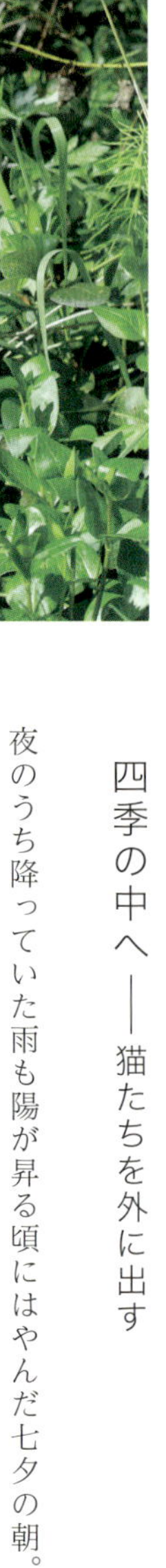

四季の中へ——猫たちを外に出す

夜のうち降っていた雨も陽が昇る頃にはやんだ七夕の朝。

六匹の猫たちが天の川を越えて遊びに行けるよう、網戸にくっつけた猫ドアをめでたく開通。


お手本でしましまのお尻を押してドアをくぐらせると、

「そうやって通るんだ!」

とわかったらしく、一匹また一匹と、器用に額でドアを押し開け、嬉々として出て行った。


すぐに駆け出したりはせず、まずは玄関周りの草の匂いをかいできょろきょろしながら、抜き足差し足で歩いていく。

目をいっぱいに見開いて、ひでじとしま兄は興奮のあまり顎がはずれたように口を開けたまま歩いている。

家の中ではしたことがなかったが、この長男と次男はお尻を高く上げ、草の株に向かってシャーッとマーキング。

さっそく縄張りづくり? 帰る家を見失わないため?

長女ちーと次女ぷーは、道端の青草を食べたり、エノコログサに手を伸ばして遊んでみたり。

元野良の三女しましまは、勝手知ったるという顔で、草の匂いを確認するようにかぎながら悠然と森の方へ歩いていく。
なぜか元野良の三男くつしただけはこの日も外へ出ず、いつもと同じ布団の上でいつもと同じように昼寝。
猫にもインドア派がいるのかもしれない。

いきなり遠出したら帰ってこられなくなるんじゃ？　と、最初は保護者としてあとをつけていったが、五匹全員についていくなんて無理な話だし、心配してもきりがないと腹をくくって家に戻った。

皆どこへ行ったのかすっかり姿が見えなくなったけれど、二時間くらいするとマーキングのおかげか、ちゃんと猫ドアから次々に帰ってきた。


でも、しましまだけ戻ってこない。

やっぱりエリカのところへ帰ったのかな？

あいつはお母さんっ子だったから。

覚悟はしていたが少しさびしく思っていたら、その三時間後、お昼過ぎになって戻ってきた。二か月みんなと暮らして、ここを自分の家だと思ってくれたようだ。

午後は出ては入り、また出ては入りの繰り返し。
晩ご飯を食べたあともゾロゾロと出かけて行ったけど、くっしただけはやっぱり行かない。

そのうち夜の帳（とばり）が下りて、空いっぱいに広がる天の川。
一匹。そしてまた一匹。
真っ暗になった庭のどこかから猫ドアへ飛び込んでくる。
夜八時頃、最後のぷーが戻ってきて全員無事帰還。
遊び疲れたのか、部屋のあちこちでひっくり返って爆睡。

この日から夜の大運動会はピタリと止まった。

猫と散歩する毎日が始まった

夏めいてきた陽射しが昇ってくる前、七時から毎朝一時間の散歩に出かける。
家の前の坂をのぼって、キョウチクトウのトンネルを抜け、山のてっぺんの公園へ。
それから別の道を下って池と田んぼを回って戻ってくる。

猫たちを外に出して十日もたった頃。
玄関を出ると、家で寝ていたちーとぷー姉妹が猫ドアから飛び出して追いかけてくる。
道端の草を食べたり、バッタを追いかけながら散歩についてくるのだ。もちろんリードなどつけていない。

足音を聞きつけて、杉林の中から、ひでじとしましまが道に出てくる。

「お前たちも来るんか？」

「にゃー」

強面のひでじとチビのしましまが僕を見上げて答える。

鬼が島へ行く桃太郎よろしく四匹を引き連れてミカン倉庫の前へさしかかったら、今度は夏草の茂みからしま兄が合流。

草の匂いをかいだりじゃれ合ったりしながら、僕との距離が広がると駆け足で追いかけてくる。

そしてまた道端の草を食べる。これがほんとの「道草」。


坂を上がり続け、家は森に埋もれて見えなくなる。

通りかかった空き家の前で、車なんて通らない道にあぐらをかいて座り込む。

猫たちの目が、「ここでひと休み？」と聞いている。

休んでいる間には道路脇の切り株で爪をといだり、道の上でごろごろ転がって砂浴びをしたり。

空き家の裏手からカサコソと音がすると猫たちがいっせいに注視する。

オシロイ花の陰から出てきたのは三男のくつした。

すっかりインドア派になるかと思ったが、毎日外で遊んで家に帰って眠るようになったのだ。


これで六匹、全員集合。

杉林を抜けてくる風が気持ちいい。


よっこいしょ。

さあもう少し行こうかと、また歩き始める。

六匹の兄弟姉妹が勝手気ままに、道端の草を食べたり虫に気を取られたり追いかけっこしたりしながらも、道からはずれずに、つかず離れず、なんとなく家族らしき結束を保ちながら、夏空の下をトコトコとどこまでもついてくる。

普段は別々に寝たり食べたり遊んだりなのに、僕らと歩くときだけはぞろぞろと全員集まってくるのだ。

こうしていつの間にか、猫たちと一緒の散歩が毎日続くようになった。

猫の細道で道草し放題の六匹。

猫が、人と一緒に散歩するのがこんなに好きだったとは。

どこまでも全員ついてくる

猫たちは朝五時にご飯を用意すると布団の上で起き上がる。食後は歯磨きするみたいに口の周りを手でこすって食べ物の匂いを消すと、全員すぐに外に出る。夕方五時のご飯のあともそうだから、腹ごしらえしたら遊ぶ、もしくは狩りに行く習性があるのかもしれない。

ちょうど明け方は鳥が動き出し、日暮れ時はネズミが動き出すときでもある。

人間が散歩に出る朝七時には、まだ帰ってきていなかったり家でごろ寝していたり。

僕が玄関を出ようとすると、寝ていた子が「散歩ですね！」

と言わんばかりに飛び起きて追ってくる。

家の近くで遊んでいた子もすぐに察して集まってくる。

そしてぞろぞろと散歩を楽しみ、みんなで家に戻ってくるのだが、溜め池の向こうまで行くコースだと家から一キロ以上離れることになるので、反対方向で三五〇メートル先にある山の上の公園までにとどめることにした。

あまり遠くまで行って、途中で何かに驚いたりしてはぐれたら迷子になるんじゃないかと心配したのだ。


しかし人間は運動のために溜め池まで歩きたい。

しかし猫がついてくるので行けない。

悩んだ結果、猫をまくため車で出発し、山の上の公園とは逆方向の坂の下に停めて、そこから溜め池までこっそり歩き始めるという方法をとることにした。

そしてロングコースを人間だけで歩いて帰ってきてから、再出発して山の上の公園までのショートコースを猫と散歩するというわけだ。

最終的に、再び坂の下まで歩いて車を取りに行かねばならないという面倒さ。


それでも、猫たちが散歩を楽しみにしているのがわかるので苦にはならない。


犬は散歩というと目を輝かせるが、猫も散歩の時間が近くなると僕が席を立つだけでそわそわし始める。ちーなどは気配に敏感で、猫ドアの前に走っていってスタンバイしている。

意地悪してそっと家を出ても、いなくなったと気づくのだろう、坂を上がり始める頃には猫ドアが吹っ飛ぶ勢いで飛び出してきて、あっというまに追いついてくる。

全速力で、まっしぐらに僕の足元まで駆けてくるのだ。

臆病なくつしたも、ひでじの半分の体重のしましまも、全員ついてくるところを見ると、どんな猫も犬と同じように、飼い主と散歩したいようだ。

とことこ、すたすた。道草しながらみんないっしょについてくる

元野良で里山をよく知るしましまも、楽しそうにいっしょに歩く

犬のおまわりさん
——迷子の子猫ちゃんにならないために

猫が散歩よりも、飼い主よりも好きなもの。
それはもちろん食べ物だろう。

うちではカリカリがレンジ台の引き出しに入れてあるが、僕がそのレンジ台にあるコーヒーメーカーへ手を伸ばすだけで、部屋のあちこちから猫たちが駆け出してくる。

最初はいつでも食べられるように皿を一日中置いておいたのだが、食いしん坊のしま兄が残り物を全部食べてしまい、ぶくぶくと太ってしまった。
それで一日二回いっせいに食べさせて、残ったご飯は回収するようにしたのだ。
だからレンジ台の引き出しが開くときを、猫たちは耳をアンテナにして待っているというわけ。

カリカリがもらえると思って駆けてきた六匹の猫は、早く早くと爪を立てながらジーンズをよじのぼろうとする。

猫には前足に五本。後ろ足に四本。合わせて十八本の爪がある。だから六匹で爪の数は百八本。
この除夜の鐘と同じ百八の煩悩を僕の体に突き立ててくる。

かくしてコーヒーを飲むたびに受ける爪攻撃と、猫たちから浴びせられる「なあんだ、ご飯じゃないのか」という不満の視線に耐えかねて策を講じることになった。


音を聞きつけてやってくるというのなら、何かご飯の時間を知らせる合図を特別に決めればいい。そしてその合図がなければ、人間がレンジ台へ歩み寄ってもご飯は出てこないんだと猫たちに覚えさせる。

さて、どんな合図にしようか。

単純な音だと似た音が聞こえたときにまぎらわしい。

あれこれ考えて思いついたのが「犬のおまわりさん」。

ネットでオルゴール演奏されたものを探し出し、それを携帯の着メロに入れてアラームで鳴るようにした。

毎朝五時と夕方五時の二回。

猫たちにとっては意味不明なメロディが家の中に鳴り響く。

迷子の迷子の子猫ちゃん～♪

そして曲が鳴ったらすぐにご飯をあげる。

最初はなんのことやらわからず、耳慣れない音にうたた寝から目覚めて顔をあげる程度だった。

ところが七日目ぐらいからは曲が鳴ると皆がいっせいに僕の顔を見上げ、「もしかしてご飯の時間ですか？」みたいな顔になってきた。

そして半月を過ぎた頃には、イントロあてクイズの勢いで、

「迷子の迷子の♪」

と鳴り始めるや、ダーーーーッと競うようにレンジ台の前まで走ってくるようになった。

僕がコーヒーを飲もうとレンジ台に近づいても、もうちらっとも見ない。


ご飯の時間になっても外遊びから帰ってこない子がたまにいるので、外部スピーカーにつなげて家の外へも流してみた。

都会の住宅密集地だったら怒られちゃうだろうが、周りに家なんかないから遠慮なく鳴らす。

そうしたら外の杉林やミカン倉庫で遊んでいても、走って戻ってくるようになった。

これは山で暮らす人間と猫たちの間で交わす、たった一つのルールみたいなものになった。
好きに遊んで、好きに寝て、どこへ行ってもかまわない。
でも一日二回、朝と夕方には出席を取ります。
だから犬のおまわりさんが聴こえたときは、みんなそろって顔を見せてくれよという決め事だ。

ある日の午後、妻がピアノを弾いていた。

猫たちはモーツァルトの流れる部屋のあちこちで昼寝中。

いたずら心を起こした彼女がピアノソナタの途中で、いきなり犬のおまわりさんを弾いてみた。

ご飯の時間でもないのに、全員が飛び起き、小さな地響きを立ててレンジ台の前へ駆けつけた。

彼らは奏でる音がオルゴールからピアノへ変わっても、モーツァルトの中にまぎれても、ちゃんと「犬のおまわりさん」を聴き分けたのだ。


ちなみに、寝ている耳元で僕が歌ってみたがそれでは起きなかった。音痴だから？　と思ったが、どうやら違う。

ピアノで試してわかったのだが、なんと携帯アラームと同じ

キー（調）で弾かないと起きないのだ。
猫は絶対音感を持っている！

そして今や彼らは、犬のおまわりさんとカリカリを結びつけるだけではない。その旋律が聴こえても、聴こえなくても、朝五時と夕方五時には家へ帰るという、ささやかな約束事を覚え始めている。

ぱふぱふラッパが散歩の合図

朝七時。家の中に三匹の猫が寝ている。

庭では二匹が歩いていて、もう一匹はどこかへ行っている。

自転車用のラッパを握って散歩へ出ると、まだ冷たい朝の風が杉林の間を抜けてきた。


パフパフーとラッパを鳴らす。

犬のおまわりさんに続いて、集合の合図をつくったのだ。

もし山で迷子になることがあっても、ラッパを鳴らしながら探せば音を聞きつけて戻ってこられるかもしれない。

家の中で寝ていた三匹が猫ドアから順々に飛び出てくる。
坂道をのぼりながらパフパフーと鳴らし続ける。
庭の植え込みでかくれんぼしていた二匹が、道端の蛍草を飛び越えて全速力で走ってきた。

パフパフー。
坂道のずっとずっと上からぷーが駆け下りてきた。
パフパフー。

僕が歩き出すまでは、六匹が全員そろって、だけど何をするでもなく道の上に座っている。
何も言わず、僕に媚びもせず、四国の向こうから昇ってきたお日様に向かって、ただじっと座っている。

僕は時々、どうして自分はこんなに猫が好きなんだろうと思うことがある。
猫は僕に何もしてくれないし、僕も猫に必要以上のことはしない。
ただ彼らが日向へ座っているように、僕も陽だまりへ一緒に座っている。

ただ彼らが暮らしているように、僕も一緒に暮らしている。
ただ同じ時間を共有しているだけ。

溺愛とか偏愛とか、そういうものを僕は共存ではなく依存だと思う。
パフパフーの音に集まってくるのは依存だろうか？
たぶん違う。

山の中に響くパフパフラッパの音も、一日二回オルゴールが奏でる犬のおまわりさんも、里山の住人が同じ時間と空気を共有するための合図なんだ。

猫たちの一日

外出自由になった猫たちは、家の中じゃほとんど寝ているだけになった。

朝五時に犬のおまわりさんが鳴ると飼い主の布団の上で飛び起き、カリカリを食べ終わると顔を手でくいくいと洗って外へ出て行く。雨だろうと雪だろうと、天気に関係なく必ず出かけて行くのは感心するほどだ。

一時間ほどで戻ってくると、ゴロ寝する子もいれば、そのまま外で遊んでいる子もいる。

七時にラッパが鳴ると全員集合して山の上の公園まで散歩。家の近くまで帰ってくると、一緒に家に入る子もいれば庭で遊ぶ子、森に入っていく子もいる。

九時か十時頃までには皆が戻ってきて、日中は仕事机の隅で丸くなって寝ていることが多い。

中には晩ご飯まで日がな一日寝て過ごす子もいる。

妻が家の裏の小さな野菜畑で野良仕事を始めると、必ず誰かが近寄っていく。どんなに猫の手が借りたくても彼らは手伝ってくれない。ただじっと、傍で人の仕事を監督したり苗の植え穴にウンチしてくれたりしている。

夕方五時に犬のおまわりさんが鳴ったら晩ご飯。

朝より夕方のほうが遅刻者が多いかな？　それでも曲を聞きつけて山のどこかから走って帰ってくる。

そして食べ終わるとまた全員外へ。

夜六時～九時頃までに一匹また一匹と帰ってきて、十～十一時には全員が僕らの布団の上で一緒に眠りにつく。

先代の猫たちはみな布団の中へ潜り込んできたものだが、この六匹たちが寝る場所は皆そろって布団の上。

寝相のいい妻の布団に六匹が集中して、ガリバーを小人国で地面へ縫い止めたように、ぎっちり囲い込んで寝ている。

僕ら人間からすれば、昼も夜も、家の中でも外でも、仕事中でも散歩中でも、いつも誰かしら猫がそばにいる。

猫好きにとって至上の暮らしかもしれない。

杉木立の森は猫たちのワンダーランド

唐辛子が実ってきた。今日の畑仕事の監督はひでじ

散歩中に見せる猫たちの顔

匂いをかぐ、匂いをつける

猫ドアを出ると立ち止まり、ゆっくり顔をめぐらして周りを見る。鼻先をあげ、風の匂いをかいで、納得したような顔で歩き出す。

自分の顔の高さで折れた枯れ草の茎を道端に見つけると目の上をこすりつけて匂いをつける。

毎日ではないけど、家を少し出た草むらにお尻をあげてマーキング。電信柱は素通り。男子だけでなく、女子もたまにする。

散歩中必死に土の匂いをかいでいるところを見てみると、タヌキのフンらしきものがあったり、イノシシの足跡があったり。鹿は毎日のように林の中を歩いているのを見る。猫以外のライバルがけっこういるのだ。

水を飲む

青草が柔らかな絨毯のように広がる不思議な空間。

聴こえてくるのは蝉時雨と湧き水の音。

林の中を進んでいくと、ミカン山で昔使われていただろう貯水槽が現れる。

ちーはコンクリートの古びた貯水槽に前足をついて、密生する睡蓮の花を見つめている。

淡紫の睡蓮の陰にカエルの目が二つ。

古池や、カエルも鳴かずば食われまい。

おいカエル、動くなよ。動いたらおしまいだぞ。

ちーも相手が水の中じゃ飛びかかるわけにもいかない。蝉時雨と木漏れ日の中の持久戦。

結局、待ちくたびれて貯水槽の水を飲み始めた。

ぴちゃぴちゃぴちゃ。

飲むなら何もこんな藻の浮かんだ水じゃなく、さっきの水路の湧き水を飲めばいいのに。

と思っていたら、ぷーもやってきて、二匹並んでカエルのいる貯水槽の水を飲んでいる。


「猫のために、いつも新鮮な水を用意しましょう」本やネットにはそう書いてあるが、家でも猫たちは水入れのきれいな水には見向きもせず、メダカ鉢の水ばかり飲んでいる。猫は冷たい水が苦手というから、溜まり水が好きなのかもしれない。それで誰もお腹を壊したりもしない。

勝ち気な長女と控えめ次女。仲良く並んで水を飲む彼女らの口元から、二つの丸いさざ波が水面へ広がっていく。

全速力で走る

名前を呼ぶと、しっぽをぴんと立てて走ってくる。三〇メートルも先からまっしぐらに駆けてきて僕の膝に目の上をこすりつけ、ぽてっと道にお腹をつけ脱力。暑い日は犬のように口を開けてハアハア言うことも。
道草の好きなちーは、散歩中に遅れては走って追いつき、遅れては走って追いつきしている。

肉球は外で駆け回っているから、自然と硬くなっている。木登りをしても、枯れ枝を踏んでも怪我をしたことはない。山の上の公園のようなだだっぴろいところは落ち着かないようで石碑の陰などに座って、走り回ったりはしない。蝶でも飛べば追いかけて走るが、ただ走るのが楽しくて走る、ということはなさそう。

爪をとぐ

散歩前、準備とばかりに道端の倒木で爪をとぐ。散歩コースの最後には杉の倒木がたくさんある林を通るが、そこでも最後の手入れとばかりに爪をとぐ。不思議と生きている木ではとがない。

外を駆け回っているとほどよく先端も減ってくるので、巻き爪の心配もなく、爪切りはしなくなった。

草を食べる

むしゃむしゃ道端のススキの若草を食べる。毛づくろいで内臓に毛玉が溜まるので、草を食べて胃を刺激して吐き出す。刺激するには先の尖った草がいいらしい。ススキやエノコログサのようなちょっと硬めのものが好き。

屋根に登る

坂道の途中には、しましまとくつしたが冬を越したミカン倉庫がある。中に誘ってみても、入ってみることもなく、知らん顔をしている。

ここで寝ていたエリカはもういない。あんなに子供たちと離れなかったエリカは、しましまたちを外に出したと時を同じくして、元いた義兄の農場に戻ったのだ。古参のお婆ちゃん猫と二匹で暮らすようになり、この倉庫や家にはまったく近づかなくなった。

倉庫の屋根には木がもたれるように生えていて、しましまが幹から屋根へ飛び移っていく。

屋根の上をひとしきり歩くとてっぺんで農場のほうを眺め、しばらくすると下りてきて、走って散歩に追いついてくる。

住んでいる家の屋根へ上がれるのは身軽なしましまとマッチョひでじだけ。

しましまは温水器から屋根に軽々とジャンプ。

ひでじは温水器から雨樋に手をかけぶら下がると、懸垂で上がっていく。

木登り

身軽なしましまは助走なしに木の幹にぴょんと跳び上がる。

太っちょのしま兄は勢いをつけて登っていくが、勢いが切れたところでずりずりと落ちかかる。

マッチョひでじは地面を走るのと変わらない速さで枝から枝へ、と思ったら足をすべらせ、腕だけでぶら下がるも懸垂で元に戻った。

ちーは太い股のある木に登り、股の上で「いい昼寝場所を見つけた」という顔。

木から下りるとき、お尻からだと下が見えなくて不安なのか、頭を下に向けて下りてくる。勢いがつくとそこから地面へジャンプ！

秘密の場所を教えてくれる

蝉時雨降りそそぐ森の木々が、喉を鳴らして湧き水を飲んでいる。猫たちは仲良く水浸しのアスファルトを歩いていく。


冷たい水の流れの中にたたずむ沢ガニを見つけ、勝ち気なちーが猫パンチを見舞う。

引っ込み思案のぷーは首をかしげて眺めている。

小さなカニが怒って赤いハサミを振り上げ、全速力の横走りで、湧き水のあふれる小さな側溝へ飛び込んでいった。

ぷーが側溝を飛び越えて草むらへ入っていく。ちーもあとに続いていった。

いつもは呼び戻すところだが、たまには人間がコースをはずれてみるかとついていってみる。

いつか住む人も山を下り放置されたキウイ棚。

びっしりと棚を覆ったキウイの蔓の下、ぷーとちーは慣れた足取りで走っていく。湧き水が流れる小さな水路にかけられた木の橋を渡る。

キウイ棚を抜けると杉林の中へ。

まるで公園のように青い下草の生えた広場が現れた。

元は家でも建っていたのか、ここだけ杉の木がない。

なんとも不思議な、アリスが落ちたウサギの穴のような場所。

灰と黒の姉妹は得意げに僕を見上げている。

「知らなかったよね？　ここ」

みたいな顔で。

知らなかった。いつも歩いている道から、ちょっと林に入っただけなのに。杉林の下は陽があたらず下草が生えないのでさびしい場所ばかりだと思っていた。

見ると、ひでじやしま兄もついてきている。

外出自由にして一か月、人間より猫のほうがこの山に詳しくなりつつあるようだ。

猫と雨宿り――名残り夏

家の前の坂道と、杉林の斜面を挟んで並行する農道がある。その傍らにぷーの別荘がある。家の前から斜面を下りてすぐのところだ。

それは使われなくなった小さな納屋。

昔、麓(ふもと)の里からミカン山に仕事に来る人が農具を入れておいたのだろう。小さな窓から覗いてみると、蜘蛛の巣に覆われて錆びた農具がひっそりと時を数えている。

戸に鍵はかかっているが波型トタンの壁が錆びて、ちょうど猫が通れるくらいの穴が開いている。

ぷーは家の中で寝るとき、近くに兄妹たちが来るのを嫌がるようになった。小さい頃は皆くっついて寝ていたのに、一歳になると猫にも自我が芽生えるのか、一人で寝る子もあらわれる。

二間しかない家だと独りになるのが難しいから、別荘のほうが落ち着くんだろう。夜は家で寝るけれど、昼間は別荘で昼寝しているようだ。

猫たちとの散歩の前、妻と二人のロングコースの散歩終わりに、ちょうどその別荘を通りかかる。
名前を呼ぶと、モソモソと音がしてやっぱり壁の穴からぷーが出てきた。兄妹猫は苦手だが、人間といるのは好きなのだ。じゃあ今日も家まで一緒に歩いて帰るか？　と歩き出してしばらくすると突然の雷と雨。

普通の雨なら森の中にいればほとんど濡れないが、こんな土砂降りじゃさすがに森の木々でも防ぎきれない。
ぷーは激しい雨音と近づいてくる雷鳴に、ニャーニャー鳴きまくって落ち着かない様子。せっかく別荘でくつろいでいたのに呼び出されて、外へ出てみたらいきなりの大雨と雷鳴。ぷーも納得いかないだろう。

そもそも猫は身体を濡らすのが好きではない。雨の日でもトイレは外でするが、用を済ますとすぐに戻ってくる。何日も雨が続くと彼らは窓の前で不満そうな顔をしている。
大きな木の下にしゃがんで小降りになるのを待っていると、ぷーも僕の膝の下へ潜り込んで雨宿りしている。

しかし待てど暮らせど小降りにはならない。

まるで世界中の雨がこの森へ落ちてくる勢い。

木の下にいても、葉から落ちる滴で背中が冷たい。

雷鳴と、激しい雨音と、白い水煙が辺りを包んでいく。

ぷーは僕の膝の下で、舗装道路に跳ねる飛沫をじっと見つめている。

洗われて輝く木々の緑。山が、雨を飲み干していく。

僕もぷーも同じものをじっと見ている。身動きひとつできないのに、なんだか贅沢な時間に思えてくる。


背中がびしょ濡れになった頃、雷雲は向きを変えて海の方へ流れ始めた。

やがて雨は弱まり、東へ伸びる低い雨雲の隙間から陽が射してきた。雨に洗われた空気が嘘のように冷えて、ツクツクホウシが鳴き始める。

ホウシツクツク。ホウシツクツク。


まだ微かに聴こえる雷の音にちょっと怯えながら、ぷーが膝の下からそろそろと這い出してきて僕の顔を見上げる。

もう大丈夫。一緒に帰ろう。

杉林の斜面をショートカットすれば家はすぐそこ。
ぷーも道草を食わず真っ直ぐ僕についてくる。

家に戻ると、雷雨を避けた四匹の猫たちが窓際で寝ていた。

ぷーは背中と泥のついた足を拭いてやると、兄妹のいない窓辺の座布団の上へ、ぴょんと飛び乗って丸くなった。


「にゃ〜ん」という声に窓の外を見ると、ずぶぬれのひでじが歩いてくる。毛がマッチョな体にへばりついて後ろ足の筋肉が盛り上がっているのがよく見える。

ひでじは雨をそれほど嫌いじゃないのか、よくずぶぬれで帰ってくる。

バスタオルでくるんで拭いてやると、気持ちよさそうに目を細めて、ゴロゴロと喉を鳴らした。


窓の外にはいつか青空と太陽が戻って、激しい通り雨に冷やされた空気がまた熱せられてくる。

夏の終わりに最後まで鳴くのはツクツクホウシ。

ホウシツクツク。ホウシツクツク。

猫にとっての居心地

家の裏の小さな野菜畑のまんなかには小さなビニールハウスがあって、栽培には使わず洗濯物を干したり梅干しを干したりしている。

ひでじはハウスの隅に捨て置かれたぼろぼろの布団や、乾いた泥にまみれたムシロの上でよく昼寝をしている。

畑で使う一輪車の中で、土埃で頭を真っ白にして寝ていることもある。よかれと思ってきれいなタオルを横に敷いてやっても、そこに乗ろうとはしない。

猫にとって居心地のいい場所。

それはきれいか汚いかではなく、安全か危険かなのだろう。

だから家の中でも独りでいるのが好きなぷーは、机の上の毛布よりも埃の積もった食器棚の上で眠りたがる。

しかもいちばん奥の、下から見上げても見えないような壁際。そこが我が家の中でいちばん高く、なおかつ誰も通り抜けない場所だからだろう。

一輪車の中も、存在を隠すにはぴったりだ。僕が毎回びっく

りするくらいだからそこに猫がいるとは誰も気づかない。
ぼろぼろの布団やムシロも、ビニールハウスのいちばん隅にあるから落ち着くんだろう。
特にビニールハウスの中は、冬も暖かいし畑に鳥が来たときにすぐに飛び出していけるので人気が高い。

それでもやっぱり、熟睡するときはみんな家の中。

いちばん安全な場所、落ち着けるところ。

それが我が家というわけだ。

猫たちのおみやげ

畑でぷーと会ったらなんだか顔つきがおかしい。口の周りが妙に腫れて完全な二重顎になっちゃってる。

触ってみると中に水が溜まったようにブヨブヨ。

痛がったりはしないんだけど、やっぱり心配だから病院へ連れていった。

ぷーの顔を見た女医先生は開口一番、

太っちょで家では寝てばかりのしま兄もやるときはやります

長女のちーも仕留めた。女の子もやっぱり鳥を狩ります

「あー、やられちゃいましたね」

と大笑い。ハチにちょっかいを出して刺されたらしい。猫は人間と違って刺されても痛くないし、放っておいても大丈夫というので、何も処置をしないで帰ってきた。田舎の猫には田舎の災難が降りかかるものだなあ、と長い猫飼い歴でも初めての出来事に驚いたり感心したり。翌日にはすっかり腫れがひいて元通りになっていた。


夏はハチだけでなく虫の季節。

田舎に住む限りはどんな形にせよ虫とは共存していかなくちゃならない。正しくは「共存」ではなく、虫の存在を否定せず厳密に住み分けるというべきか。


ところが我が家には、虫と住み分けるどころか大好物な同居人が六匹。夏山は虫の宝庫だから、昼夜の別なく次々に虫をくわえて持って帰る。

バッタ。セミ。クモ。蝶々。トンボ。カマキリ。

夜中に虫を外に戻すのが面倒で、ついには虫かごを買ってきて朝までそこに入れておくことにした。

猫たちはプラスチックのかごを囲んでパンチしたり蓋をかじったり。

子供の夏休みの昆虫採集には猫を雇ったら楽勝だろう。でも虫をやたらと取ってきたのは猫たちにとって初めての夏だけだった。あまりにたくさんいるので飽きてしまったのだろうか。


飽きずに持って帰るのは、鳥。

猫は飽きっぽいというが、狩猟に限っては我慢強い。ビニールハウスの陰で、鳥が自分のジャンプ圏内に入ってくるまでじっと待っている。

そして見事仕留めると、小さいスズメから大きいコジュケイまで、時にはまだ羽をバタバタさせているのをくわえ、全速力で猫ドアから駆け込んでくる。


獲物を持ち帰るのは飼い主に褒めてもらうためとか、子猫に分け与えるためとか言われているが、我が家の猫たちは、くわえたままウーッと唸って飼い主にも兄妹にも絶対渡さず、机の下や台所の隅へ隠れてしまう。自分の巣に持ち込んで逃げ場を絶ち、思う存分いたぶろうとしているようにしか見えない。

ともかくがっちり噛みついて絶対手離してくれないので、猫ごと持ち上げて外に放り出すしかない。
でも不思議なもので一度持って帰ると気がすむのか、もう一度持ち込むことはほとんどない。
獲物が動かなくなった途端に興味をなくして、そのままほったらかすこともあるし、小さい鳥だと頭から尻尾まで、バリバリ音を立てながら一瞬で食べてしまうこともある。猫も立派に獣であると思い知らされる瞬間だ。
おやつの小魚の骨が喉に刺さるんじゃないか？　と一生懸命取り分けたりしていたのがバカバカしくなる。

広大なトイレ

猫たちを外に出すようになって最初にしたのが、トイレつくり。野菜畑でされても困るので、猫ドアを出てすぐの、百日草の咲く一角をトイレに決めた。

二×四メートルぐらいを鍬（くわ）で耕し、フカフカになった土の上へ、使用済みのトイレ砂を撒いて匂いをつけ誘導する作戦。

ところが匂いをつけるまでもなく、掘り返すそばから次々と

利用者が訪れる。
やっぱりフカフカの土は気持ちがいいようだ。野菜畑でも種まきのために耕しフカフカになったところを狙われてしまうが、そういうときは笹など小枝がたくさんついた枯れ枝を置いておくと簡単で効果があった。犬のように散歩の途中でウンチすることはない。

外へ出すようになってから、家の中のトイレ使用頻度は激減した。使うのは暴風雨のときぐらい。あとは雨だろうが雪だろうが、みんな平気で外へ出かけていく。寝ていた猫がムクッと起き上がり、「さあてと」みたいな感じで猫ドアをくぐり、三分ぐらいすると「ふー」って顔で帰ってくる。

雨に濡れながら、百日草の陰で真面目な顔をして踏ん張っているのを見ると、そんなに外がいいのかと思ってしまう。開放感がいいのか、寝る場所とは離れたところでしたいのか。周囲に人家のない山の中だからできる自然派トイレ。

青空の下でウンチして、土をサッササッとかけて。
あー、サッパリ。

完全無農薬ニャンコ農法

田舎暮らしは草刈りが必須作業。

隣の家まで三〇〇メートル、山の上の公園まで三五〇メートル。放っておくと道の両脇からススキが伸びてきて、歩くところがなくなってしまう。

作業着を着て、長靴を履いて、慣れない手つきでエンジン付きの草刈り機を回す。

ブイーンブイーン。

これがけっこうな重労働。

三十分ほど回したらひと休み。というか体力の限界。

青草の匂いに包まれて水筒の冷たいお茶を飲む。


気がつくと、しましまとひでじが遠くから見ている。

「こっちへおいで」

機械が止まったのを確かめ、二匹が僕の声に応じてそろそろと近寄ってきた。

兄妹は刈った草の匂いをくんくん。

外で何か作業をしていると必ず猫たちが現れる。

何をするでもなく、けれど興味深そうに、僕の手元をじっと見つめている。

物言わぬ現場監督。

猫の手も借りたいと言われるほど役に立たない彼ら。

だけど世の中は実務だけで成り立っているわけではない。

手伝ってくれるけどあれこれ口うるさい人間より、なんの役にも立たなくたって、黙って見ている猫がそばにいたほうが心安らぐこともある。


年に三回ある町内の草刈りでは、いちばん山の上にある我が家がゴール地点。

家の周りは自分で刈るが、麓から家まで二キロの道のりは、里の皆さんが手伝ってくれる。

夏には皆さんにスイカを振る舞って、その皮と種を猫の屋外トイレに捨てた。


そうしたら翌年は立派なスイカが十個もとれた。

これぞ完全無農薬、四季の自然と猫任せの有機農法。

水は雨だけ。肥料は六匹分のウンチだけ。

闘う男子たち——山の縄張り争い

人家が二軒あるだけの里山に住む猫は我が家の六匹、義兄の農場にいる二匹、そして三〇〇メートル先のお隣さんが外出自由にして飼っている雄猫一匹の計九匹のみ。農場にいるのはエリカと、親戚らしきお婆ちゃん猫。

野良の雄は一か所に居着かず、やがて恋を探して旅に出る。それで自ずとどこの猫集落も女系家族になるのだ。


我が家に猫が現れるまで、山で唯一の雄猫だったのはお隣の「しなお」くん。ひでじ以上に強面で、一度ケンカをしたひでじは尻尾の付け根をガブリとやられてしまった。

顔に怪我を負うのは真っ向勝負を挑んだ証だが、尻尾をやられたってことは、文字通り尻尾を巻いて逃げたということ。兄弟の中では強いひでじも、イノシシやアナグマの闊歩する山で縄張りを守ってきたしなおくんにはかなわなかった。

一戦で決着がついたとみえて、それ以来しなおくんが家の近くに来ることはない。


縄張り争いはあっさり終わったと思ったが、こんな人里離れ

た山の中にも、年に一〜二度、流れ者がやってくる。元はといえばしましまもくつしたも、そんな流れ者とエリカの間にできた子供だったんだろう。
一度だけくつしたそっくりの雄猫がミカン倉庫に向かって歩いていくのを見たが、もしかするとあれがくつしたたちの父親で、フーテンの寅次郎よろしく昔の女エリカに会いに来たのかもしれない。

流れ者が姿を見せると我が家のボーイズが迎えに出る。去勢済みだがそこは男子。本能が目を覚ますんだろう。「ウォー」「ワォー」となりながらにらみ合いが数日続き、大抵は何事もなく流れ者が姿を消してしまう。

ところがしま兄は長男の自覚があるのか対抗意識が強く、取っ組み合いのバトルに発展することがある。

しま兄はひでじと同じ六キロ近い巨体。

ただし筋肉質とはいえないただのデブ。走っても遅いしすぐに休む。ケンカする気は満々なのだが、どう見ても強そうには見えない。というか実のところちっとも強くない。

秋の初めに里山へやってきたのは血気盛んな若い黒猫。

どうもその黒猫と一戦交えたらしいしま兄は、古くなったダウンジャケットから羽毛が飛び出したようなボロボロの姿で帰ってきた。

唸り声のしていたミカン倉庫の辺りを見に行くと、しま兄の灰色の毛が塊になってあちこちに抜け落ちているが黒猫のものらしい毛は見当たらない。敵にダメージはなさそうだ。


それで懲りたと思っていたら、翌日もミカン倉庫で雄叫び。今度は胸をざっくり彡の形にえぐられて病院へ。化膿止めの注射をブスリ。傷口を舐めて悪化させないよう首にエリザベスカラーを巻かれ襟巻トカゲ状態。帰ってくるとぐったり床に横たわり、さすがに敗戦を認めたと思われた。


ところが丑三つ時、真っ暗な山の中で激しい雄叫びが響いた。目を覚ますとしま兄がいない。

声を追っていくと、ミカン倉庫とは反対方向の農場のそのまた向こうの谷から聞こえる。そのうち声が聞こえなくなってしまったので追うこともできず、家に帰るとまもなくしま兄が戻ってきた。裏返ったエリザベスカラーをまるでマントのようにつけたまま、仏頂面でどすっと腰をおろしたしま兄に、新たな怪我はなかった。

こんなにも広い縄張りなんだから、ちょっとくらい他の猫に分けてやってもと思うが話してもわからない。だから怪我が治るまで自宅謹慎させ、その間に僕が水鉄砲などを駆使した大バトルの末に黒猫を追い払ったのだ。

ところが怪我が治って外へ出たしま兄は、ケンカ相手が姿を消したことについてどうもこう思ったらしい。

「ついにあいつは逃げたらしい。ボクがやっつけたんだ」

以前にも増してケンカっ早くなり、幸い怪我らしい怪我はないものの、闘いを挑んでは負け、もちろんマッチョな弟のひでじにも負け、たまには臆病者くつしたにもおちょくられている。


たまに現れる野良猫は誰もが行きずりの流れ者。放っておけばいずれいなくなるのに、警備隊長のしま兄や屈強なひでじはもちろん、超がつくほどビビリ屋のくつしたでさえ蚊の鳴くような声で家に近づけまいとする。

決闘はいつも一対一。流れ者を兄弟三匹で取り囲むよう

負けるとわかっていても男には闘わなきゃならないときもあるのだ

連戦連敗のくせ、妙な凛々しさで再戦を誓う一家の長男

なことはない。この辺りの騎士道精神は見上げたものだ。

そんな男子たちを横目にガールズは一切無関心。窓の外でアオーアオーと叫んでいても素知らぬ顔でお昼寝。この温度差というか、性差みたいなものは歴然としている。

男子たちの中に刻み込まれたあの飽くなき闘争本能は、いったい何を守ろうとしているんだろう？

彼らが身体を張って、時には血まで流して守るのは、家の中にある毛布を敷いた寝床や一日二回のカリカリなんだろうか？　それともそんなに器量良しとはいえない妹たちか？

今日も男子たちはパトロールを欠かさない。よそ者の気配を察知すると、警備隊長のしま兄は真っ先に駆けつける。どすどすどす。走れ太っちょ。

「僕は長男。弟や妹たちを守るんだ！」

田舎の猫は樹木葬

秋から冬にかけて、先代の猫たちの命日が続く。

家の東にある三本の梅の木の下には、東京で飼った三匹の猫

たちがそれぞれ眠っている。

十五年前、帰省の折に、白磁の壺に入った彼らのお骨を持ち帰ったときのこと。

海の見えるこの土地へ眠らせてもらえないか？　と頼んだところ、翌日、義父が梅の苗木を買ってきてくれた。

「墓石の代わりにこの木を植えれば、春に可愛い花が咲くたびに猫たちを思い出せるじゃろ？」

花が咲くと、猫たちの思い出と一緒に、今は亡き義父がそう言って笑ったことも思い出す。


その小さな苗木を植えたときはまだ周りの木も背が低く、渡る風の向こうに、遠く青い周防灘を往く船が見えた丘の上。

あれから梅は大きく根を張り、五メートルの高さになった。

春先には白く可憐な花を青空いっぱいに咲かせる。

夏の足音が梅雨空の向こうから聞こえる六月には、たわわに実った梅の実を物干し竿で叩き落として梅酒にしたり梅干しにしたり。

それをおもしろがって、枝の上をしましまたちが駆け回る。

こらこら、お前らの先輩がここには眠っているんだぞ。

なんだか先代の猫が六匹の猫と一緒に戯れているようにも思えてくる。
やんちゃな猫たちと僕たちの田舎暮らしを、見守ってくれているだろう。

猫たちそれぞれの甘え方

ひんやり秋風が吹き始めると、猫たちも人間の膝へすり寄ってくるようになる。六匹いると甘え方も六通り。

長男のしま兄は無言で机に飛び乗り、人間とキーボードの間へ悠然と巨体を横たえる。

「撫でたまえ」と動かざること山の如し。

背中を撫でられて気持ちいいときは目を細め、撫でる場所が気に入らないと「そこじゃないよ」と半目でにらんでくる。

次男のひでじと長女のちーは、仕事机に向かっている足元へ駆け寄ってギャーと大声で鳴く。これを日本語に翻訳すると「撫でてー」ではなく「撫でろー」に近いと思われる。

聞こえないふりをして背を向けていると、ひでじは伸び上がって「にゃーお」と右前脚でトントン背中を叩く。
ちーは強引に膝へ飛び乗ってゴロゴロ喉を鳴らす。

次女のぷーは自己主張が下手。机に飛び乗ってはくるものの、どうやって甘えていいかわからず、前脚をそろえて座ったまま仕事する手をじっと見つめている。

膝にのろうかな？ と前脚を浮かせたので「ほれ、おのり」と膝を向けると、やっぱりやめようかな？ と引っ込める。ためらいながら膝に片手を下ろしたので、お尻を引き寄せてやると、やっと膝にのるものの、所在なげにもじもじ。

猫には珍しい控えめなところが彼女の魅力。


三男くつした。

こいつはいちばんのビビリ屋なので甘えるときもどこか逃げ腰。いつの間にか足元へ忍び寄って人の顔を見上げているが、僕が気がつくとお尻を向けて座り直す。

なぜ座り直すのかというと、抱き上げてくれるのを待っているんだな。よいしょと抱き上げて撫でてやると、バターが溶けるように膝にへばりついていき、ゴロゴロと喉を鳴らす。

末娘のしましまはいきなり膝の上へ飛び乗ってくる。我が家でいちばん小柄なだけあって、身も軽いしオツムも軽い。故に要求も行動も常に単純にして明快。ひでじの半分くらいしかない小顔だが、そのぶん長い首が凝るのか、首の後ろを撫でると四肢を投げ出して脱力。

しましまとくつしたは、膝の上でもずっと僕にお尻を向けている。

顔を見ようと持ち上げると嫌がってそっぽを向く。一見素っ気なく思えるけれど、野良にとって敵にお尻を向けるのは危険なこと。それを人間に許すのは、元野良の彼らなりに信頼してくれているのかもしれない。

いつも勝手気ままに生きているような猫たちにも、必ず人間に甘えてくるときがある。

ぷーやくつしたのように控えめな性格の子は、こちらが忙しくしていると甘えたいサインを見過ごしてしまう。

僕たちが猫を撫でて心安らぐように、猫たちだって撫でてもらって心安らぎたいだろう。送るのも愛だが受けるのも愛。

彼らの甘えたいときに応えるのが猫と仲良く暮らす秘訣。

猫のために壁をぶち抜く

彼岸花が咲く九月末には山から仲秋の冷気が降りてくる。夏の間、猫たちは網戸につけた簡易ドアから自由に出入りしていたけれど、朝晩は窓を開けておくのがつらくなってきた。そうなったら夜の間は窓を閉めるか、あるいは窓ガラスか壁に穴を開けて本格的な猫ドアをつけるかの二者択一。一晩中猫たちを閉め出すなんて当然却下。だから家の外壁に穴を開けることにした。

国東に来てから知り合ったIさんに穴開けを頼む。Iさんは山梨から国東へ移住して、自分で立派な家を建ててしまったDIYな人。だから壁に穴を開けるくらい造作ないと引き受けてくれた。

壁の中の柱を切ったら大変なので、壁をコツコツと叩いて慎重に場所を決める。そして電動ノコで四角にギュイーンと切ったら、足でバコーンと蹴飛ばして穴開け完了。この迷いのなさと思い切りがスバラシイ。

壁に穴が開いたあとは僕の素人細工。ベニヤやシナ合板をヘタクソに切ったり貼ったり。

ペンキをペタペタ塗ったり雨除けのシーリングをしたり。

四苦八苦しながら輸入品の猫ドアを取り付け終えた。

今まで網戸につけていた猫ドアは、タッパーみたいな半透明。今度のは硬化プラスチック製の透明なドア。

猫たちは新しい猫ドアをすぐに覚えて網戸ドアと同じようにくぐり抜けていく。

ところが、次男のひでじだけがドアの前に立ち止まって動かない。動かないだけじゃなく、しまいにゃ歯を剥いてウーとかシャーとか怒り始める始末。

ひでじ、お前はいったい誰と闘ってるんだ?

よく見ると、ひでじは透明な猫ドアに映った自分の顔に唸っているのだ。ウー。シャー。ガオー。

きみきみ、その凶悪な猫相のドラ猫はお前だよ。


そうか。そうだよなあ。

猫は自分の容姿など知らず、それゆえに美醜にまつわる劣等感とは無縁な生涯を送れるのかもしれない。

うちの猫たちは皆それほど器量良しじゃないが、ひでじだって他の兄妹並みな見てくれはしているはずだと、自分じゃそ

う思っていたんじゃないか？

ひでじくん、今まで内緒にしていたがそれは違うんだ。きみは猫一倍いかつい顔をしているんだよ。小さな子猫の頃から、とても堅気の衆には見えなかったんだ。

だけどひでじくん。

兄妹の中でお前がいちばん優しい心の持ち主だってことも僕は知っている。野良で育ったしましまとくつしたを最初に舐めてやり、家族として迎えたのもお前だったじゃないか。血の繋がりのない二匹を、今でも毎日念入りに舐めて毛づくろいしてやっているのはひでじだけじゃないか。

僕にべったりくっついて眠る甘えん坊なところもある。見かけじゃないんだ、人間も猫も。

だから鏡に映った自分の姿に歯を剥くのはもうやめたまえ。

妻がそんなひでじのためを思って、真新しいドアへ猫のシールをべったり貼り付けた。そうしたらひでじも凶悪な顔に通せんぼされず、すんなり出入りできるようになった。良かったな、ひでじ。

明け方の気温は日ごと下がっていく。

でも壁につけた猫ドアのおかげで、窓が閉められるようになってめでたしめでたし。

うちは泥だらけの足で入ってきても、全身びしょ濡れで帰ってきても、きれいにしてからじゃなきゃ家に入れません！　なんてことは全然ない。

人間の都合で夜間や外出時に閉じ込めたり、締め出したりすることもない。二十四時間行き来自由。

我が家は猫を飼っているんじゃなく、人間と猫との生活圏が、一部分重なっているだけなのかもしれない。

雪の日の散歩

目が覚めて一面真っ白に雪が積もった朝、窓の外を見るとすでに点々と猫の足跡。

一〇センチくらい積もっているから、散歩にはついてこないかな？　と思ったが、いつものように猫ドアを出て、ぞろぞろとついてきた。車も通らないし人も歩かない道だから、新雪

の上に僕と猫六匹の足跡だけがハンコのように押されていくのが楽しい。
坂の上から家の屋根を見下ろすと、屋根の上の雪にもすでに誰かが歩いた足跡。

しましまとくつしたは野良として冬を越し、雪も経験済みだが、拾い子の四兄妹は先の冬は室内で過ごしたので、雪の中を歩くのは初めてだ。

なんのためらいもなくいつもどおり歩いていて、たまには雪野原の中、兄妹で追いかけっこを始めて飛んだり跳ねたり。

肉球は寒さに鈍感なのか、冷たがるそぶりも見せないが、雪の中歩きすぎるのが少し心配だったので山の上の公園までは行かずに引き返した。

家に帰ってからも、ちょこちょこと外に出て、雪の上にお尻をつけてトイレをすませたり、家の周りを走り回って跳ね飛ばした雪を頭にかぶったりしているが、まったく寒がる様子はない。


猫ドアに置いた温度計は氷点下二℃。

家に入るとみんなでストーブを囲むように座ったり寝たり。

猫風邪集団感染

雪が積もって数日後。
やはり寒い中はしゃぎすぎたのだろうか。
しましまがくしゃみをして、一緒に寝ていたひでじが頭から
それをかぶった。
全てはそれが始まり。
ひでじが突如大量の涎を垂らし始めた。

いくつか病院を回った結果、猫カリシウイルス感染症という
猫風邪だとわかる。症状が進むと口に潰瘍ができ、やがて肺
炎になって子猫では死に至る怖い病気だ。
猫ドアに鍵をかけて監禁静養。急きょ二部屋しかない我が家
の片方へ隔離したけど時すでに遅し。翌日にはもう、ぷー、
しま兄、ちー、と続けてくしゃみをし始めた。

すぐに三匹も病院へ。免疫力を上げる注射をしてもらう。
ちーは注射が効いたのか軽くすんだけれど、ひでじ同様にぷ
ーとしま兄は一日目くしゃみ、二日目からは大量の涎、三日
目には喉が腫れて一日中大きく口を開けたまま、と悪化して

いく。重体患者優先でケージへ隔離し、敷いたタオルが涎でびしょびしょになるのを何度も取り換えた。

喉が痛くてご飯も食べないから、猫缶をペースト状に練って鼻へ塗りつけてやる。こうすると鼻の異物が気持ち悪いから自分で舐め取ってくれるのだ。でもこのやり方だと、病院で言われた量を食べさせるのに一匹一時間は優にかかる。

しましまとくつしたは平気の平左。野良時代にウイルスに感染し、キャリア（保菌状態）になっていたらしい。うつした本人はへっちゃらってわけだ。

いろんな病気の猫を看てきたはずなのに、涎と口呼吸がひどくつらそうに見えて、僕はオロオロとうろたえるばかり。

妻ははいつくばったまま何時間もかかって猫缶を鼻に塗り続け、食べた量を記録している。世の母は強し。

三匹が時間差で悪化するので、とうとう六日間連続病院通いだった。一日に午前と午後、二回行った日もあった。

五日目に行ったときはひどく混んでいて「二時間待ちです」と言われた。うちは病院まで四十分かかるから、出直すより待つほうがましだ。

ウイルスを病院内にばらまかないよう、病院の駐車場に停めた車の中で、しま兄とぷーをなだめながら待つ。

最初は「野良猫と一緒に飼うならこういうことは覚悟しないと」と眉をひそめていた先生と受付の女性が、毎日通っては長時間待つ僕に「大変ですね。がんばってください」と声をかけてくれた。

拾ったときにワクチンを打っていたので、潰瘍や肺炎には至らず、しま兄とぷーは一週間もすると自力で食べられるようになった。

いちばん頑丈なはずのマッチョひでじは、しましまのくしゃみが強烈だったのか、体が大きいぶん回復に時間がかかるのか、治るのが皆より遅かった。

妻が指に塗ったご飯を「あーん」状態で食べて二週間。

カリシウイルスに感染。喉の痛みに一日中口を開けっ放し

意外にもマッチョひでじの回復が遅い。しましまがいたわる

後半は指が痛いほどの勢いで舐めておかわりをねだっていたから、実は自分で食べられるのに甘えていたように思える。

三匹が回復してからも一週間は念のため外出禁止を続けた。元気なのに閉じ込められたちーとしましまは当初、外に出たくて鍵のかかった猫ドアをがりがりやっていたが、大きな板でふさいでドアを隠したら大人しくなった。

猫一倍臆病なくつしたは、この三週間何が起こっているのか理解できず疑心暗鬼だったと思う。何かがおかしい。出入口も閉められて外出もできない。ビクビクしてひたすら部屋の隅へ逃げ隠れしていた。ようやくかまってやる余裕ができてたくさん撫でてやったら、ゴロゴロ喉を鳴らしてぐにゃぐにゃになった。さびしかったんだろうな。

全員に外出禁止令を出してから二十日目、ようやく猫ドアを開放した朝。
ひでじを皮切りに、次々とドアをくぐり抜けていく。
ドアを出るときょろきょろ、くんくん、ぴょんと走り出す。

きょろきょろ、くんくん、ぴょん。最後はくつした。
久しぶりに外に出て、男子たちはまず草むらにマーキング。
家の周りを歩き回ると、この日は満足したように早めに帰って昼寝していた。

臆病に生まれた猫

我が家でいちばんの臆病猫、くつした。

あまりのビビリ屋ゆえキャリーバッグに入れられず、去勢手術が延び延びになっていた。が、集団風邪も収まったので意を決し、熟睡しているところに特大の洗濯ネットを被せて病院へ連れていった。


「かなりの怖がりなんです。逃げ回るかもしれないので、手術までネットに入れておいたほうがいいと思いますよ」

「いえ、いま顔を見ておきましょう」

先生がネットのジッパーを開けると、くつしたは診察台に突っ伏し、耳をふさぐようにして両手で頭を抱え込んでいる。まるで苦悩する人だ。

「こんな格好をする猫は初めて見ましたね……」

僕も初めて見た。

先生はくつしたの頭をつかんでグイッと持ち上げ、顔を見ようとした。


どんがらぐわっしゃーーーーーーーーん！

どしっぴしっぱしっぐしっ。


パソコンにジャンプ、診察器具の棚をキック。

逃げようと診察室の壁四面全てに連続激突したところで動きが止まったくつしたの鼻から血がたら〜り。

十秒ほどのことだったが、その間、床に飛ばされたメスやら注射器やらを先生と助手が無言で拾っていた冷静さはさすがだった。

最終的にパソコンのモニタと壁の間に逃げ込み、挟まって身動きできなくなったくつしたを三人がかりで捕獲。

夕方迎えに行って、帰ってきたらもう人間不信で押し入れにでもこもるかと思いきや、妻のもとによろよろと歩いていくと膝にすがりついたまま爆睡してしまった。

それからひと月後に今度はワクチン接種。

数日前から機会をうかがっていたが、見事予定前日に洗濯ネットで捕獲成功！　喜び勇んで車へ乗せて走り出したんだけれど、五分くらい走ったところで気づいた。

木曜日って、休診日じゃないか？

ただでさえ超がつくビビリ屋。無駄な捕獲でくつしたの警戒心は一気に最高潮へ達してしまった。

僕が一歩近寄ると二メートルあとずさる。しかも、テーブルに置いた診察券に書かれた診療時間を盗み見でもしたのか、朝ご飯を食べるとスーッと出て行き、病院の診察が終わる午後五時までは絶対に帰ってこない。


四日後の朝、ようやく隙を見せてうたた寝したところをネットへ押し込むが、あまりの恐怖にその場でおもらし。ネットに入ったまま猫ドアへ猛突進し外へ逃げようとしたが、さすがに足がもつれて転倒。

やっと静かになったくつしたをネットごとキャリーバッグに入れ車に乗せた。

野良は車に乗せても鳴きわめかない

猫を車に乗せたことのある人ならわかると思うが、彼らはキャリーバッグの中で声を振り絞って鳴きわめく。

「出せー。やめろー。どこへ連れてく気だー」

我が家の元捨てられ猫四匹も大騒ぎだった。


ところが野良生まれのくつしたとしましまは、車に乗せてもひと言も鳴かない。エリカも、農場のお婆ちゃん猫も、捕獲して不妊手術に連れていったが鳴かなかった。

車が怖くないわけはないと思うが、

「騒いだらもっと恐ろしいことになるかもしれない」

彼らはそう感じているのか微動だにしないのだ。


猫は車が苦手だから鳴きわめくのだと思っていたし実際苦手なんだろうけれど、必死に鳴くのは「助けてくれる」と飼い主を信頼しているからこそなのだろう。


家では鳴いて甘えてくれるようになった野良兄妹。

でも心の底からは人を信頼していないのかな？

野良で生きる猫たちが信用できるのは家族と自分だけ。周りに気を許さないことが生き延びる術だったのだろう。
もし彼らがいつか、車の中で目を吊り上げて文句を言ってくれる日がきたら、そのときこそ本当に僕を信頼してくれた記念日になるのかもしれない。

くつしたは病院に着くと、洗濯ネットに入ったまま注射を打ってもらった。

帰宅すると今回はコタツの中へ逃げ込んだが、晩ご飯はそこで食べてくれたのでホッと一息。

ところが三十分後にコタツの中を覗くといなくなっていた。

それきり翌朝になっても帰ってこない。

どうやら先月に続く病院連行で、彼の人間に対する信頼の糸は完全にブチ切れてしまったらしい。


まさかこのまま野良へ戻っちゃうんだろうか？

気温が一桁前半まで下がった翌朝も帰らず、小雨がパラついた翌々日になってようやく庭へ姿を見せた。

だけど呼んでも僕の顔をにらんでニャーニャー叫ぶだけ。

どうやら家に戻るのは怖いが、
「二日間の逃亡生活でオレは腹ペコだ。大盛りのカリカリと水をここまで持ってこい」
と要求しているらしい。

お前は立てこもり犯か。


ともかくニャーニャーうるさいのでカリカリを運ぶ。

いつでも逃げられるように全力で腰は引けているが、じっとしていればすり寄ってきて頭や身体を撫でさせてはくれる。

どうやら飼い主のことを、裏切り者として見限ったわけでもなさそうだ。

しかたがない、本人が家へ戻る気になるまで水とカリカリを出前してやるか。


四日目の明け方。

早起きして机に向かっていると、足元の猫ドアからくつしたがソローっと入ってきた。

抜き足差し足忍び足。

お、とうとう戻る気になったな？　と動かずに様子を見てい

たが、くつしたは僕がいるのに気づくと踵(きびす)を返して出て行ってしまった。

七日目。夫婦で外出して夜九時頃に帰り、部屋の明かりをつけたら、くつしたがタンスの上で寝ていた。

まだまだ寒い三月。野良で暮らしていた頃以来の野宿で精も根も尽きたのか、揺すってもつついても起きやしない。

おかえり、くつした。大変だったな。

猫団子の夜、ゴロゴロを聴く

猫が毛布の上で、何匹も寄り添いながら丸くなる猫団子。

寒ければ寒いほど猫団子率は上がる。

我が家の猫たちも六匹そろって迎えた冬には、見事なまでの六団子をつくって飼い主を喜ばせてくれた。

ストーブの上ではヤカンが忙(せわ)しげに湯気を立てている。

その湯気で曇った窓ガラスの向こう。

星も月もない真っ暗な空からは雪が舞い降りてくる。

ストーブの前へ広げた毛布の上に、元野良猫と元捨て猫たち。

血の繋がりのない彼らが、なんの縁か、なんの因果か、同じ毛布の上で丸く寄り添いながら眠っている。

たまには、「にゃ」と小さく寝言を言ったり、小さな前足で隣の誰かに抱きついたり。人間も時々やるように、足をぴくっと跳ねさせてみたり。


もし僕がこの土地へ移り住んでいなかったら、小さな元野良猫や元捨て猫たちは寒空の下、狩れる鳥も虫もおらず、水も凍って飲めず、この冬を越せなかったかもしれない。

山の中へ子猫を捨てるなんて、死んでしまえと言うのに等しい。


次女のぷーが足を懸命にばたつかせて、夢の中でどこかへ走っていこうとしている。

ぷーは三日前、初めて小鳥を捕まえてきた。

夢の中でまた鳥を追いかけて、杉林の中を走っているのかもしれない。


僕は現実にはあり得ないような理不尽極まる夢を時々見るが、猫もそういう夢を見るんだろうか？

空を飛んだり、車を運転したり、生きた魚を山ほどもらうような夢を見るのかな？

猫たちの夢に僕や妻は出てくるんだろうか？　夢の中で一緒に歩いたり、遊んだりしているんだろうか？


ヤカンで沸いたお湯でコーヒーを淹れる。

長女のちーが音を聞きつけて起き上がる。

目当てはコーヒーに入れるミルクのおすそわけ。

机の上に座ってじっと待っている。

白熱灯の柔らかな明かりの中、首の周りを撫でるとちーの喉がゴロゴロと音を立てる。

言葉は通じなくても、心ならお互いに触れ合えるもの。


ちーは勝ち気で、体の大きい兄たちに昼寝場所を「譲れ」とにらまれても怯むことなく猫パンチで対抗する。

ご飯の時間も台所までは走ってくるが、我先にと皿へ飛びつく兄妹を尻目に、前脚を真っ直ぐにそろえて座り、決して自分からは皿に近づかない。

今日新しく見つけた原っぱの夢を見ているんだろうか

「ここへお持ちなさい」
と言わんばかりのピンとした背筋に、人間が根負けして彼女の前まで皿を持っていくのだ。
そうやって人間を召使か家来のように扱うかと思うと、強引に膝へのってきて、撫でる前からゴロゴロと喉を鳴らして甘えたりもする。

猫たちを見ていると、どんなに舐めて毛づくろいをしてもらっても、兄妹相手には喉を鳴らさない。ということは、猫のゴロゴロは母猫のような対象に対して示す愛情表現なのかもしれない。

以前飼っていたニャンという女の子が白血病にかかり、だんだんと弱って動けなくなったときのこと。
今夜が峠という夜明け近く、ぐったりと横たわったまま撫でられるのもつらそうなのでただじっと傍で見守ることしかできない。そのうち、痩せた胸を小さく上下させていたニャンが、大きく息を吐いた。
妻はそれを見て横になり、ニャンの小さな鼻先へ自分の鼻をそっとくっつけた。

その時、目を閉じたまま今にも呼吸が止まりそうだったニャンが、短くはっきりと喉を鳴らした。
ゴロゴロ。
そのままニャンは眠るように息を引き取った。
猫は苦痛を癒すときにも喉を鳴らすらしいが、ニャンは最期に、「ありがとう」と言ってくれた気がした。

ストーブの上でヤカンがまた湯気を立て始めた。
膝の上でちーの喉はまだゴロゴロと鳴り続けている。
座布団の上で団子になっている猫たち。
寝言を言ったり、寝返りを打ったり。
ゴロゴロ。ゴロゴロ。
小さな彼らの喜びが聴こえる。

都会から遠く遠く離れた山の中。
もしかするとこの雪は積もるかも。
もうすぐ夜が明ける。

第三章

猫にGPSをつけてみた

GPS導入のきっかけ

外出自由で猫を飼うとき、当然リスクはある。

この山では、糞尿などで迷惑をかける人家はない。心配なのは、猫が迷子になること、なんらかの事故に遭うことだ。

遠くに行きすぎないよう「犬のおまわりさん」でご飯の時間を報(しら)せ、朝夕五時には家へ帰るのだと覚えさせる。散歩へ出るときはラッパを鳴らし、猫たちにラッパの音と飼い主を結びつけて覚えさせ、迷子になったとき呼び寄せられるようにする。

そんな工夫をしてきたが、さらなる手立てとしてGPSを導入することになった。

きっかけは、しま兄行方不明事件と、ぷーの遠出だった。

①しま兄行方不明

十月の終わり、満月の夜。午後五時の夕ご飯を食べて出て行ったきり、翌々日の夕方になってもしま兄が帰ってこない。

七月に六四を外へ出して以降、丸一日帰ってこないことはあったが、丸二日四十八時間というのは最長記録。

周囲には他にご飯をもらえるような家もないので、どんなに遊び呆けてもお腹が空けば帰ってくるはずだ。

ということは、帰りたくても帰れない状況なのか。

ぱふぱふラッパを鳴らしたり携帯で犬のおまわりさんを鳴らしたりしながら一キロ四方を歩き回ったが、いつものように音を聞きつけて草むらから出てきてくれない。

音が聞こえないほど遠くへ行っているとは思えないんだが、人間は基本的に道のあるところしか歩けない。

放棄され原野同然に戻ったミカン山の中で動けなくなっているのだろうか。

結局、二日半経った真夜中にふらりと帰ってきた。

不思議なことに身体は汚れていない。怪我もしていないし、目に見えて痩せた様子もない。

「やっと帰ってきたー」とへたり込むわけでもなく、ご飯を貪(むさぼ)るように食べるとまた猫ドアから外へ出ようとする始末だった。

行方不明のあいだ、いったいどこに？

過酷なサバイバルの痕跡がないのなら、飼い主が血眼になって探し回ったのは全然見当違いな場所で、本人はどこか秘密の隠れ家でも見つけて、のんびり過ごしていたんだろうか？　もしくは、迷子になってうろついているうちにたまたま帰ってこられたのだろうか？

翌日、しま兄はどこにも行かず、一日中毛布の上で爆睡していた。

いったい二日半、どこにいたんだろう。

②思わぬ遠くでぷーに会う

兄妹六匹の中でいちばん口数が少なくて控えめな次女のぷー。

散歩のときはみんなで歩くのに、家でくつろいでいるときに他の猫が近づくと「ウー」と唸って怒る。

我が家は二間しかないから、猫嫌いのぷーは自然と外で過ごす時間が長くなる。

それでついたあだ名が放浪児。


そんなある日、人間だけのロングコースの散歩に出て家から離れた溜め池近くでひと休みしたとき、何気なく手にしていたラッパを鳴らした。

するとどこかで猫の声がする。

にゃー、にゃー、にゃー。

ラッパを鳴らし続けると声がだんだん近くなり、木立の中からぷーが飛び出してきた。

「なんだお前、一人でこんな遠くまで来てるのか?」

そこはいつも猫たちと散歩する展望公園とは反対方向で、一緒に歩いたことのない場所だ。

いつか雪の上についていた足跡を追いかけたことや、普段猫たちを見かける場所から考えて、みんな家から二〇〇メートルくらいの範囲で遊んでいると思っていたのだが。

家からこの溜め池までは七〇〇メートル近くある。

ぷーは僕の足に身体をこすりつけ、顔を見上げながらしきりと何か言っている。普段、家の中じゃまったくと言っていいほど声を出さないのに。

「じゃあ一緒に帰ろうか?」

そう言って歩き出すと、足にまとわりつきながらついてくる。

何を話しているのか、みんなで散歩するときと比べても別猫のようにおしゃべりしながら、後になったり先になったり。

家では他の猫を避けて食器棚の上で一人寝ているぷーが、見違えるように生き生きして飛び跳ねる。

膝にもあまりのってこないし独りが好きなんだと思っていたが、やっぱりみんなと同じように遊びたいし甘えたいんだな。

それからは散歩で池の畔まで来ると、ラッパを鳴らしたり名前を呼んだり。すると三日に一度くらいは森の中や、ミカン山の上から、ぷーが嬉しそうに駆けてくるようになった。

大きな池の端から家まで三十分ほど、ぷーは僕と妻を独占して歩く。ほかの兄妹には内緒の散歩だ。

このときは、「こんなところまで来て、放浪児ぷーには困ったものだ。みんなは家の近くで遊んでいるのに」と思っていたのだが……。

いつも出ずっぱりの放浪娘

GPSで猫の行動範囲を調べる

師走に入ってすっかり冷え込んできたある朝のこと。

人間だけのロングコースの散歩の途中で、猫が吐いたと思われるものを見つけた。

毛づくろいで溜まった毛玉と一緒に吐き出された、まだ消化されていないカリカリは我が家で与えているのと同じもの。

そこは山の上の公園や、ぷーが出没する溜め池とは尾根を挟んだ隣の谷。

家から直線距離で五〇〇メートル。

道に沿って歩いたとすれば、走行距離は一キロ近くになる。

しま兄が行方不明になったときも、こんなところまでは捜さなかった。

尾根を一つ隔てたこの場所にいたとしたら、どんなに家の周りでラッパを鳴らしても聴こえなかっただろう。

それとも、ここまで来ているのは放浪児ぷーなのか？

飼い主が考えているより、猫たちの行動範囲は広いのかも。

小さくて軽いGPSロガー。首輪につけても気にしない

そこで、猫たちの行動範囲を探るためにＧＰＳをつけてみようと考えた。

登山やサイクリングに使うハンディＧＰＳよりももっと小型で軽量な「データロガー」（リアルタイムで位置を知るのでなく帰宅後に記録を見るもの）という、ディスプレイなしのものに注目。

色々悩んで買ったのはアメリカ製のデータロガー。大きさは単三電池ほどで、重さは電池の半分くらい。猫が身につけても全然苦にならないと思われた。

充電後にスイッチを入れると衛星で位置の捕捉が始まる。記録（ログ）は一分間隔。振動センサー付きだから猫がじっとしているときは記録しない省電力モードになる。バッテリーは五時間程度稼働できる。

これを極細のタイラップで縛りつけた「ＧＰＳ専用首輪」をつくって彼らの首に装着するのだ（上の写真）。

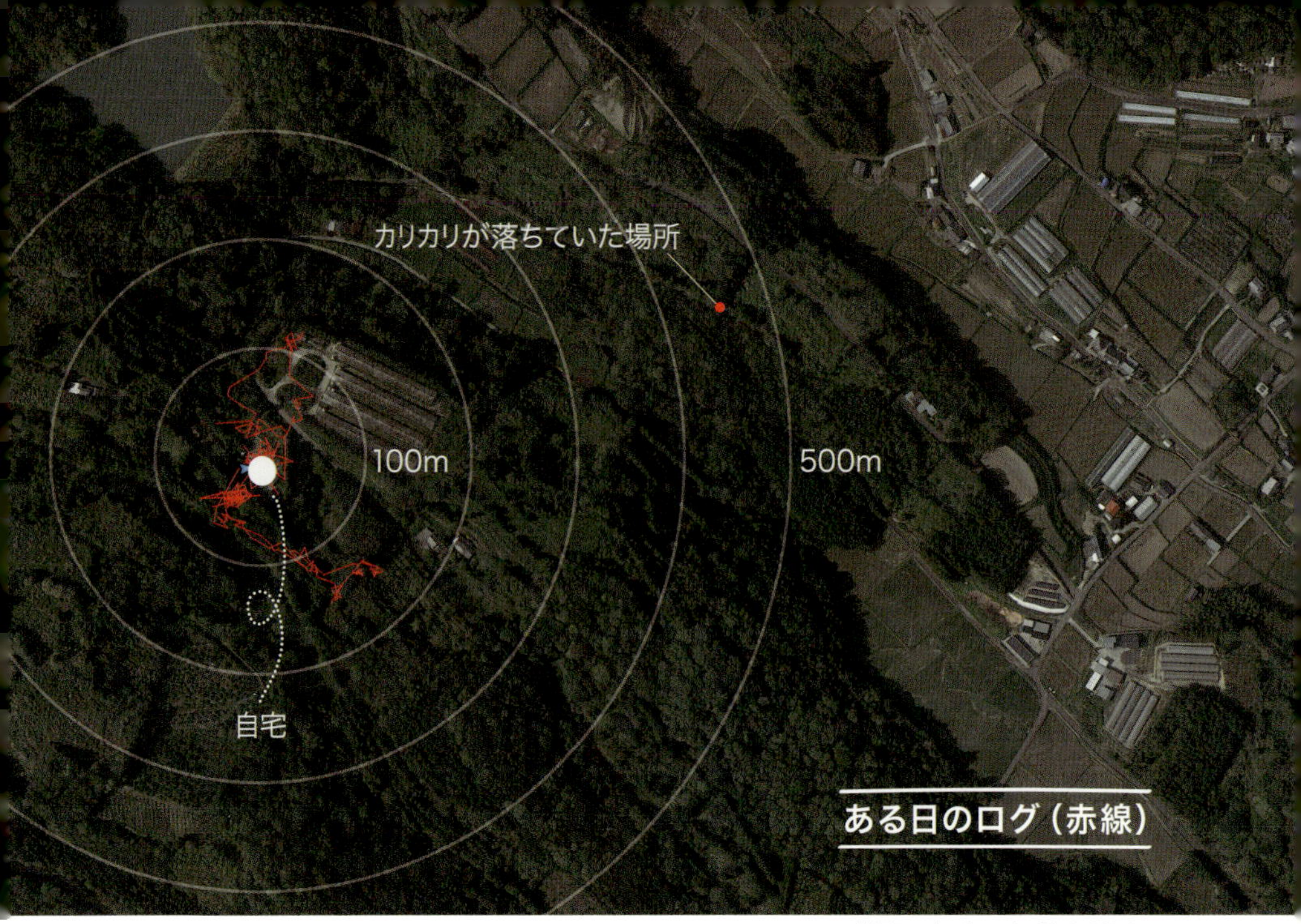

地図データ：Google, DigitalGlobe

猫たちに共通のけものみちがある

まずは放浪児ぷーの昼の記録（上の写真赤線）。

この子はなかなか活動的なので行動範囲もかなり広い。

家の北の農場をパトロールしたり、東の竹林で遊んでいる。


代わる代わる猫たちにロガーをつけてみると、それぞれに自分の気に入った遊び場所があるのだとわかってくる。

おもしろいことに、共通する遊び場所では、時間や猫が違っても通る道すじはほとんど同じ。

道路をはずれて竹林に入る場合、どこから入ってもいいはずだが、コースがだいたい決まっている。

自分たちの匂いがついている道をトレースすることで、確実に家へ戻ってこられるのだろうか。

そうやっていわゆる「けものみち」ができあがるんだろう。

山の中に巡回コースみたいなものが自然とできあがっていて、その沿線に各自のお気に入りスポットが点々とあるわけだ。


迷子になって家へ帰れないときは、何か突発的なことが起きて巡回コースを大きく逸脱してしまったときなのかもしれない。

野良たちの縄張りでは遊ばない

次の頁の写真は全六匹の日中のログを重ね合わせたもので、写真の中央に我が家がある。

これを見ると猫たちの昼間の活動範囲は半径三〇〇メートルぐらいの東西に長い楕円状。南北へ移動するには尾根や谷を越えなければならないから、自ずとそうなるんだろう。

加えて中央右上に白っぽく見える義兄の農場辺りにはエリカたち野良が住み着いているから、余計に北方向へは進出しないのかもしれない。


エリカたちも我が家のほうへはまったく寄りつかなくなったので、我が家の六匹とは住み分けができているのだろう。

行動範囲を示すこういうデータと、猫たちを呼ぶラッパがあれば、行方不明になったときも見つけ出す確率が上がるだろう。

そう勝手に思い込んでいる飼い主だが、一見摑みどころのない猫たちの行動範囲を視覚化できたのは実に興味深い。


朝夕五時の食事時に猫の首へ装着して、昼夜とも五時から十時までの五時間を記録する。

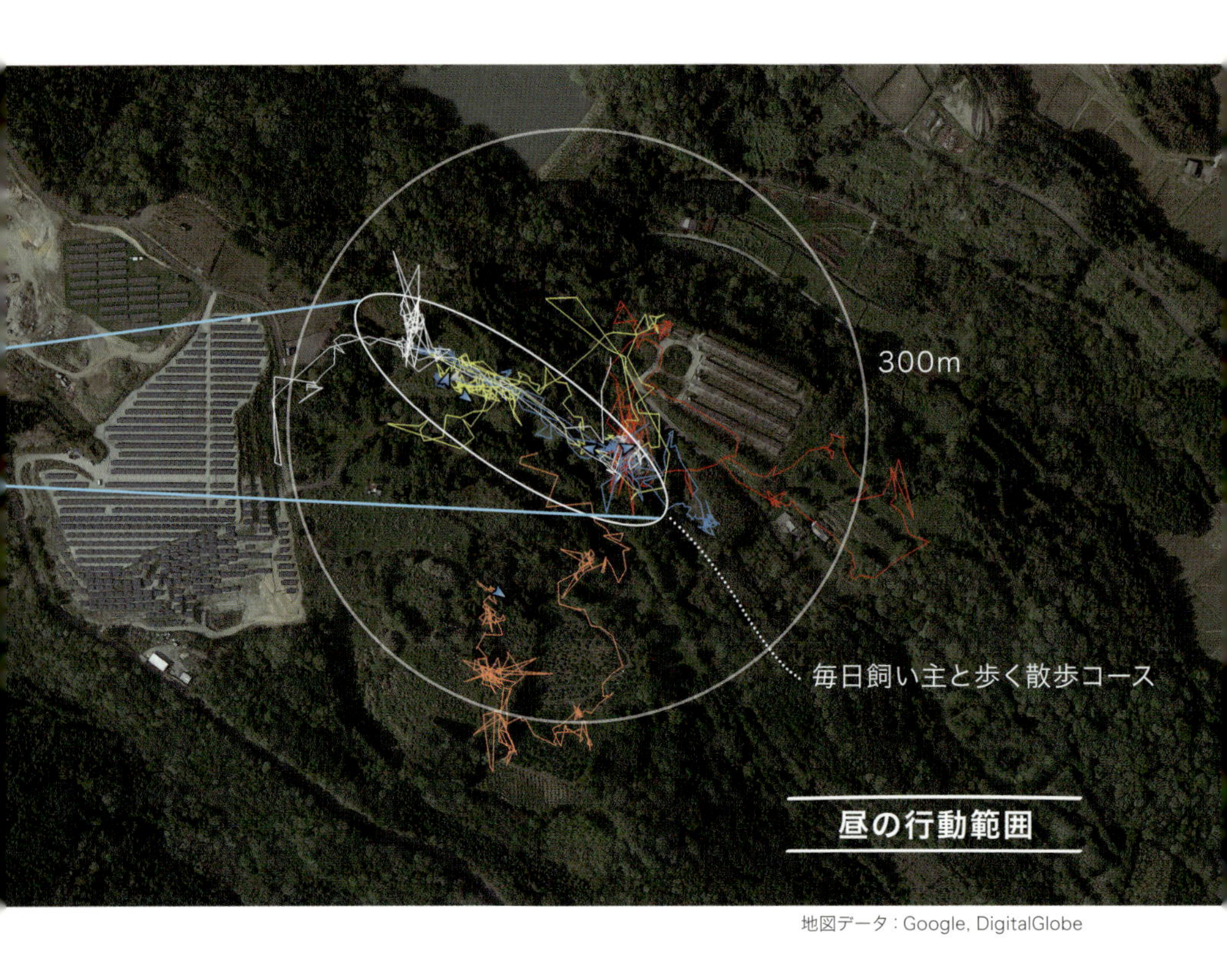

地図データ：Google, DigitalGlobe

夜十時には帰ってきて布団の上で僕らと一緒に寝ているから、これで十分と思われたが、ロガーが故障して買い替えるときに、どうせならと十二時間記録できるものにした。深夜にちょっと外に出ることがあるならどこで遊んでいるのか一応知っておいたほうがいい。そんな軽い気持ちで新しいロガーの記録を見て、驚いた。

夜中に四キロも歩く

僕らと一緒に眠りについていたはずの猫たちは、なんと夜中にこっそり抜け出して遊び呆けていたのだ。

午後五時に夕飯を食べ終わった誰かの首にGPSを装着し、翌朝五時の朝ご飯前に回収。座標取得は一分間隔にセット。ある四日間に四匹の猫がそれぞれ記録したログには、はっきりとその行動パターンを示す共

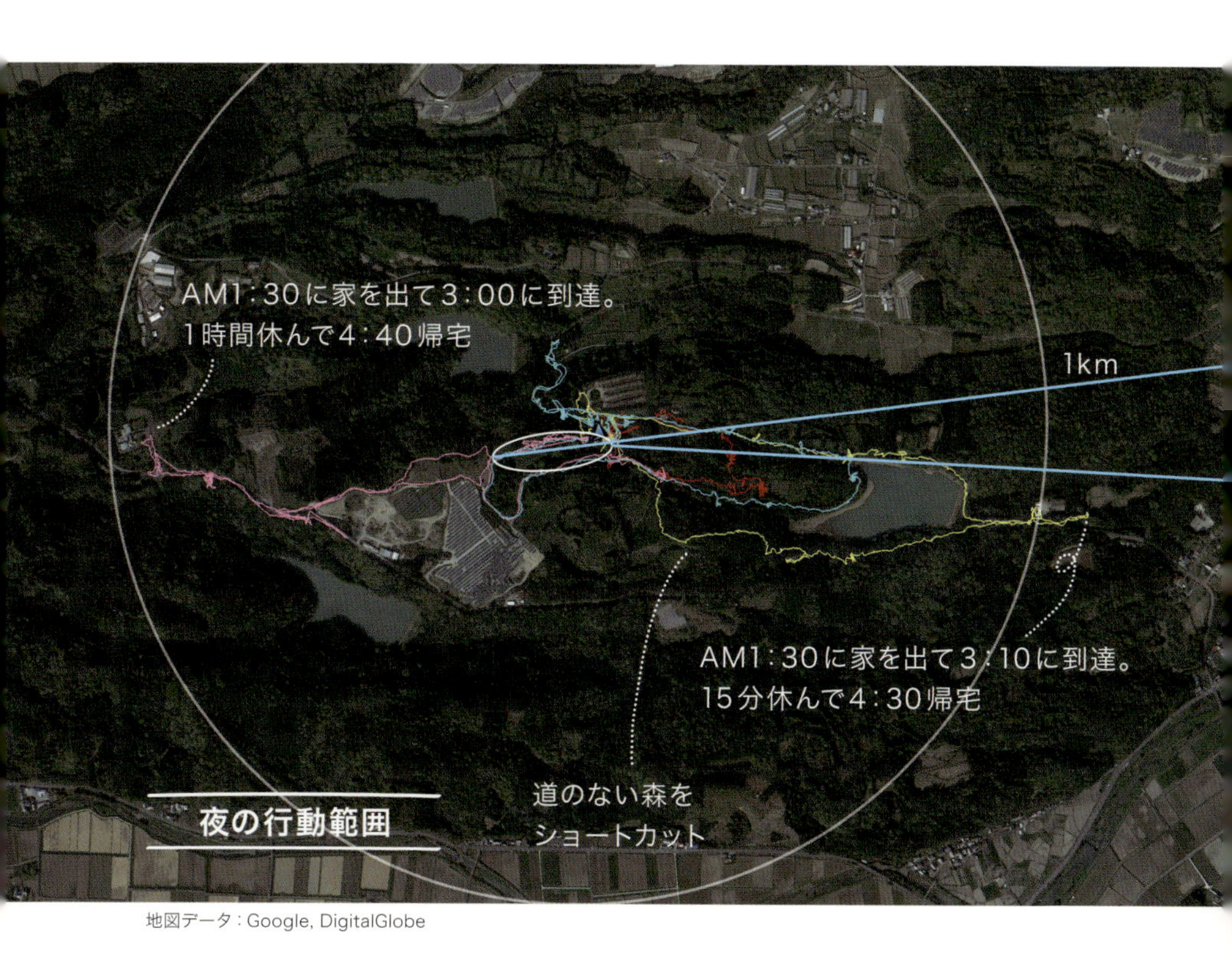

地図データ：Google, DigitalGlobe

通項がある。
遠征活動を開始するのは人が寝静まった午前〇時半から二時の間。一晩の間の走行距離は誰もがほとんど四キロ弱。

上の写真は四匹の兄弟姉妹それぞれ（色違い）のログを重ね合わせたものだが、皆が一様に直線距離で片道一キロ以上の大遠征。しかも行きと帰りでは別な道を通っているのがわかる。散歩で一緒に歩いたこともない道だし、その行程は人間と一緒に歩く距離など遥かに超えている。

迷子になりそうだからとわざわざ猫とは別にロングコースを散歩していた僕たちの苦労は何だったのか。
また、ぷー（赤線）だけが放浪児だと思っていたら、ほかの子のほうがよほど歩いていたことにも驚いた。

家の方角がわかってる

ひでじのログ（黄色）を見てみよう。
ひでじは体重六キロと大きく筋肉質。
ひきしまった足腰はいかにも健脚そう。

夜中に起き出し、毎朝の散歩コースとは
真逆の東方向へスタスタと歩いていく。
ログに表れているのは迷いのなさ。
その足取りは時速六五〇メートル。

大きな分かれ道ではちょっと悩む。
真っ暗闇の中。
今日はどっちへ行こうかな？
池を越えて辿り着いた小さな工場では、
敷地の中を探検してからひと休み。
そのまま進めば行く先には墓地。
ちょっと怖いし家を出てからもう二時間。

hideji

分かれ道だ、
どっちに行こうかな？

2:10
少し迷う

工場を探検して
30分ごろ寝

この先はお墓だ、
そろそろ
帰ろうかな……

3:30

帰りはこっちを。
何の迷いもなく
行きとはちがう道を選ぶ

このまま道沿いに南へ行くと
家から離れちゃうな…

200m

そろそろ帰らないと朝ご飯に遅刻する。
そう思ったのかおもむろにUターン。
このとき時刻は午前三時半。

来た道を帰るんじゃつまんないよ。
と思ったのか、帰りは池の南側を戻る。
まるで家の方角がわかっているかのように、
道などない森の中を突っ切っていく。
月明かりも届かない木々の下。
もちろん街灯なんてものはどこにもない。

帰りはほとんど道草なしで一時間。
ほぼ一直線に帰ってきた。
そして四時半には布団の上へ横になり、
まるで一晩中寝ていたかのような顔で、
五時の朝ご飯を待つのだ。

地図データ：Google, DigitalGlobe

夜中に抜け出す不良娘

次はちーのログ（ピンク）。
ちーは活発で気の強い女の子。
散歩でも走るか止まるかの二択しかないほど元気。

夕方ご飯を食べると、朝僕らと歩いた散歩コースを夜十一時過ぎまで一人歩き。
いったん帰って僕と一緒に布団へ入る。

人間が寝入った真夜中。
布団をそーっと抜け出すとこっそりお出かけ。
今度は散歩コースを越えて、幼いとき拾われた山の公園のはるか向こうまで。
僕もまだ行ったことがないところだ。

分かれ道ではいったん南へ歩き出したけれど、
それじゃ家から離れすぎると気づいたのか、

地図データ：Google, DigitalGlobe

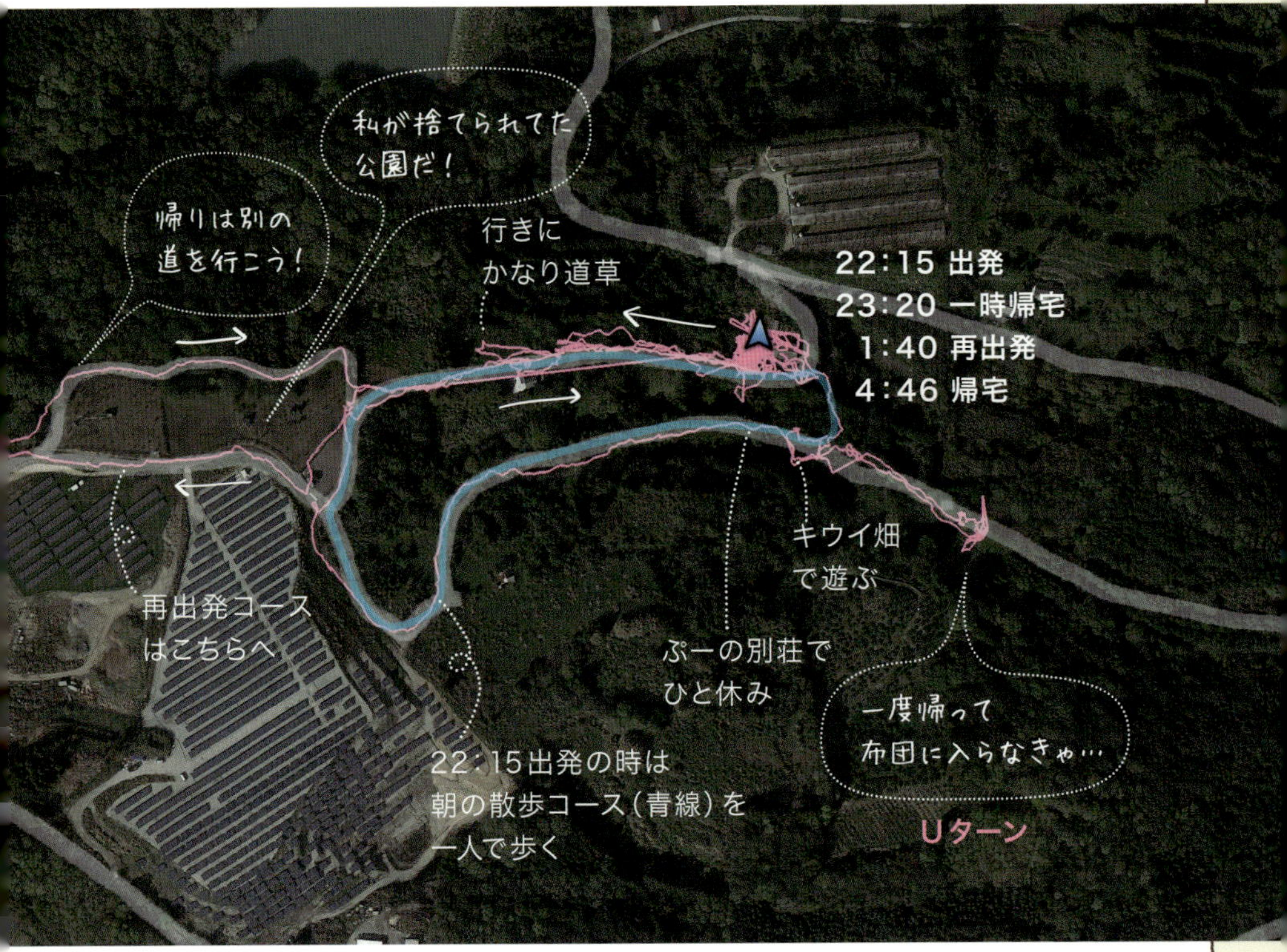

私が捨てられてた公園だ！
帰りは別の道を行こう！
行きにかなり道草
22:15 出発
23:20 一時帰宅
1:40 再出発
4:46 帰宅
キウイ畑で遊ぶ
再出発コースはこちらへ
ぷーの別荘でひと休み
一度帰って布団に入らなきゃ…
Uターン
22:15出発の時は朝の散歩コース（青線）を一人で歩く

おもむろにUターン。

辿り着いたのは斎場。

ちょっと気味が悪いけど疲れたんでひと休み。

一時間もウトウトすると腹時計は午前四時。

そろそろ帰らなきゃ！


斎場を出ると一直線に家へ。

朝食の十五分前に帰り着くと、何食わぬ顔で布団へ潜り込む。


ちーは毎晩必ず一緒に布団に入るし、朝五時にはまだ布団で寝ている。

この娘に限って夜は出かけていない、と思っていたのは間抜けな飼い主だけ。

実は夜な夜な抜け出しては、月明かりの下を遊び回っている、とんでもない猫かぶり娘だったんだ。

chea

4:00
そろそろ帰ろう、
朝ご飯に遅れちゃう。
一気に走るぞ！

3:00
斎場だ！
ひと休みしようっと。

行きに
かなり道草

2:26
南への道を行くと
家から離れちゃう？

Uターン

200m

朝ご飯の時間に合わせて帰ってくる

猫たちが歩き回る範囲に人家は我が家の他に一軒しかない。道端には目印になるような建物も看板も信号もない。それなのに街灯など一本もない真っ暗闇の中で、道もない森の中を一直線にショートカットしたりする。

さらに興味深いのは、四匹ともが午前四時半から四時四十五分の間にはちゃんと帰宅していることだ。

GPSロガーのメモリに記録されたデータには、午前五時の朝ご飯に合わせるかの如く、猫たちが遠征の折り返し地点から帰路につく様子がはっきりと残されている。

ログを取ったのは四月末。この時期、大分県国東市の日の出は午前五時半。

彼らが帰途につき始める時間はまだ真っ暗闇。彼らはいったい何をきっかけに引き返そうと決め、何を頼りに、往路とは別の道を歩いて家路につくんだろう？

皆が東西南北好き勝手に遠征した先から、ちゃんと朝食時間に合わせて戻ってくる。

ＧＰＳの記録したその事実が指し示す答は一つしかない。

驚くべきことだけれど、彼らはそのとき自分のいる場所から家までの方向と距離、そして移動にかかる時間を、ほぼ正確に把握して折り返し地点を判断しているとしか思えない。

つまり猫たちは、自分が家からどっちの方向へ、どれだけ歩いたかを恐るべき正確さで理解しているのだと思う。

まさか、と言うなかれ。そんなことが、と笑うなかれ。

そうでなければ彼らが行きと帰りに別な道を歩いたり、朝食の時間に合わせて折り返し地点を選ぶ説明がつかないじゃないか。


妻がこの町に住むお婆さんに聞いた話だが、歳を取って野良猫の餌やりが難しくなり、六キロ離れた港へ連れていって置いてきたが、数日すると帰ってきたという。

しかたないので今度は九キロ離れた逆方向の港に連れていったのに、また帰ってきてしまった。知らない港へ車で行ったというのに、何を頼りに帰ってきたのだろうか？

車も人も少ないこの国東の地だからこそ、猫本来の能力を生かして帰ってこられたのかもしれない。

地図データ：Google, DigitalGlobe

お婆さんはあまりにけなげなその猫を、もうどこにもやらず面倒をみることにしたそうだ。

野良猫のほうが遠出しない？

我が家の六匹全てが夜な夜な遠征をしているわけではない。たとえば、くつした。

いつログを取っても臆病者の名に恥じず、家の周りをチョロチョロしているだけ（上のログ）。

たまには朝の散歩コースを、夜中に歩いていることもあるが、めったに一人では遠出しない。元野良だというのにほとんどインドア派。

元野良だから山の怖さを知っているのか。

元野良だから「山なんて歩いてもどこも一緒」と思っているのか。だが元捨て猫四匹のデータは外に出して九か月後のもので、物珍しくて歩く時期は過ぎている気がする。

くつしたは臆病だから出不精なだけなのか？

天真爛漫な妹、しましまのログもくつしたと大差ない。いつもちょこまかと走り回ってどこまでも歩けそうに見えるが、ログを取ってみると兄同様に家の周りを駆けているだけ。

野良に生まれた二匹は、母親から「遠くに行っちゃ危ないよ」と口煩く教えられたんだろうか。それとも幼少期に外敵に怯えながら暮らし、身についた防衛本能なんだろうか。実際は生まれ育ちに関係ない個体差なのかもしれない。

住宅地の猫の行動半径は五〇〜一〇〇メートル

イギリス国営放送がGPSと小型カメラを使って外猫の生態を調査し、それをドキュメンタリー番組にしたものがある。なんでも五十四の猫にGPSをつけて二十四時間のログを取ったのだが、その結果雄の多くは家から一〇〇メートル以内を行動半径にし、雌の外出はその半分ほどだったと、英国王立獣医科大学の先生が報告している。

番組を見る限りこの調査はイギリス郊外の住宅地で行われていて、そこには当然の如く往来する人間もいれば道路を疾駆(しっく)

する車もある。
多くの場合、猫たちにとって見知らぬ人間や、自動車やバイクは危険な存在だろう。外猫が多ければ縄張りにも阻まれる。それらの障壁に阻まれながら精一杯拡大した行動半径が、前述の雄・半径一〇〇メートル、雌・半径五〇メートルなのかもしれない。

猫はたくましく冒険する

では猫たちにとっての危険要素である、人間や車、ほかの猫の縄張りがほとんど皆無の我が家の環境ではどうかというと、英国王立獣医科大学の先生が出した数値の十〜十五倍を記録している。なんの制約もなしで野に放たれた彼らは、ほとんど野生動物同様の自由奔放さで辺りを徘徊する。ご飯が朝夕五時に限られていなければ、もっと遠くまで行くのかもしれない。

本物の獣と違うのは食べ物を探す必要がないことと、不妊手術をしてあるので配偶者を探し歩く必要がないことだけ。つまり彼らには生存と種の保存のために移動する必要がない

から、純粋に遊びのための行動範囲を記したといえる。猫の生態を知るうえで、かなり貴重なデータなのかもしれない。たとえば「猫は夜行性である」という、ほとんどの人が盲目的に信じているにもかかわらず、実は検証すらしたことがなさそうな説でも、GPSが記録した十二時間以上の詳細なログは、それを疑いもなく証明してくれる。

GPSは単純な緯度経度の座標だけでなく、方位や標高、取得した座標間ごとの距離と時間から算出した移動速度までを任意の間隔で記録する。

その記録からは、猫たちが時速六五〇メートルで歩き、一時間半歩くと三十分～一時間休息すること、ほとんど休まずに一時間歩けることなどがわかる。

グーグルの地図上に取得した座標を投影すると、視覚的にとてもわかりやすい移動経路が表示されるが、それとは別に方位や速度の数値データを一つずつ追っていくと、真っ暗闇な山の中で遊ぶ猫たちの行動が、何やら生き生きと見えてきたりするものだ。

ウロウロと歩き回り、時には何かを見つけて立ち止まり、何

かに驚いたり、何かを追いかけるために走り出し、廃屋や農具小屋を探検し、畑や果樹園や道路を横切り、小川を飛び越し、大きな池の縁を辿り、居心地の良い場所を見つけてしばしうたた寝をする。

寝る子と書いて寝子。

誰もがそう思っているように猫たちはいつ見ても眠っている。現に我が家でも毎朝のご飯時には、まるで一晩中家で寝ていたような顔をして六匹が並んでいる。

されど、猫たちの猫かぶりに騙されることなかれ。

彼らが首にぶら下げた小さな電子機器のメモリには、僕たちが眠っている間に、月明かりさえない漆黒の世界を四キロも冒険してきた記録が克明に刻まれている。

細い脚、柔らかな体。ふわふわの毛。繊細な性格。

飼い主はか弱そうな彼らのことをあれこれと心配し、危険や事故から守り通そうと腐心する。

けれど実際の猫たちは、たのもしいほどに賢く、たくましく、そして自由な生き物だったんだ。

元はといえば外出した猫が迷子になったとき、彼らの行動範囲を把握できていれば捜索の手掛かりになると思って導入したＧＰＳロガー。導入から二年経ったが、幸い当初の用途としてはまだ役立っていない。

東京にいた頃、家の中で安全に暮らした猫との生活も楽しかった。けれど、リスクはあっても、緑の中を生き生きと駆け回る猫との暮らしは、毎日が新しい発見に満ちている。

僕だって市街地なら猫たちにこんな暮らしを許さなかったと思う。でもここは人里離れた山の中。

人と時間のひしめく都会の常識が当てはまらない世界もある。

都会には都会の。田舎には田舎の。そして里山には里山の、猫の生き方があるのだろう。

広い空と流れる雲を映す溜め池の周りには、呆れるほど隙間だらけののどかな時間が流れているものだ。

花や緑や紅葉の季節だけでなく、冷たい雨や雪の降る中でも、昼夜を問わず、六匹の猫たちは壁に開けた小さな

ドアをすり抜けて野山へ駆け出していく。
世界中の親たちが我が子の無事を祈るように、僕たち夫婦も、彼らが元気で帰ってくることを祈っている。

猫はなぜ人間と散歩するのか

猫のほうがよほど歩いているとわかったわけだが、それならどうして人のあとについて毎日一緒に散歩するのだろう。

まず大前提として、この辺り一帯を全部自分の領地だと思っているからだろう。

どんな田舎に住んでいようと、周りに人家が多ければこんなことはできない。隣人や、車や、郵便配達と遭遇すれば猫たちは道端の茂みへ逃げ込んで、散歩はそこで終わってしまう。

今、僕が住んでいるのは極めて珍しい場所だ。

というのも日本全国の航空写真を見てみればわかるが、人家というのはとてつもない山奥であっても、ほとんど例外なく寄り添うように軒を連ねているもの。

でも僕が暮らしている場所は周囲にまったく人家がない。
これはそもそも妻の父上が東京での仕事を辞めこの国東の地へ移り、既存の集落と無関係に、切り拓いた山へ住まいを築いたからだ。
開拓当初は何軒ものミカン農家があったらしいが、一軒減り二軒減りで現在は我が家のほかにもう一家族のみ。
かくして人間と猫六匹の楽園ができあがったのだといえる。

そして肝心な点。

猫は基本的に単独行動をする生き物で、うちの子を見ていても、六匹でも二匹でも連れだって歩き回るようなことはないのに、僕となら一緒に歩くのはなぜか。


彼らが遊び心と好奇心に突き動かされて各々遠出するときは、遊びながらも五感を研ぎ澄まし、帰り道を見失わないようにしているはず。

でも飼い主と一緒にいれば道に迷うことはない。

安心して遊びに集中できる。そう思っているから、僕のあとをついてくるのかもしれない。

けれど毎日ほぼ同じコースを散歩しているのだから、今では

保護者としての役割もそれほど期待されてはいないだろう。もしかすると、彼らがもう顔も忘れてしまった親猫の背中を、僕たち人間に重ねているのかもしれない。

楽しい時間を一緒に過ごしたい。独りで歩くのもいいけれど、一緒に歩けばもっと楽しい。

猫たちの輝く瞳が、そう言っているような気がする。

いつもは人間のことなんぞ気にも留めないような顔をしている猫だが、実は結構飼い主のことが好きなんじゃないか。散歩に限らず人間と一緒に遊んだり、一緒に寝たり、撫でてもらったりすることは、僕たちが思っている以上の喜びなんだろう。

同じ屋根の下に一緒にいるだけで、幸福なのかもしれない。

猫と散歩、と文字にしてみると、何か特別なことのようにも聞こえるけれど、実はとてつもなく広大な自分の家の庭で猫たちと遊んでいるのにすぎない。

だけどその庭は誰もが頭に描く庭とはずいぶん違う。杉やヒノキの森があり、広い空には鳶（とび）と赤トンボが弧を描き、大きな池や清流があり、シカやイノシシが暮らしているのだ。

夜中にこっそり山を冒険してきた猫たちが、今朝も猫ドアの前で僕が散歩に出るのを待っている。
さあ、ラッパを持ったら出発だ。
今日も一緒に歩こう。

あとがき

むかしむかし。

まだこの世界に人間が溢れ返っていなかった時代。

人と自然との間や、人同士の間は今よりもずっと広く、気負いの要らない、穏やかなものだったように思います。

そこで暮らす猫たちの暮らしもまた、気ままで、制約などない自由奔放な日々だったに違いありません。


季節をなくした都会の喧騒から、遠く遠く離れた桃源郷で出会った六匹の捨て猫と野良猫たち。

彼らが教えてくれたのは、僕たちが知らなかった、あるいは僕たちが忘れてしまった、急かされることのない時間本来の速度みたいなもの。


ここには一年に二十四の節気があります。

僕と妻は鳶が弧を描く空を仰ぎながら、季節の移ろいを数え、そうして、今日も山の麓（ふもと）で猫と暮らしています。

高橋 のら

1960 年東京生まれ。
製本会社代表を経て編集プロダクションを営む。
現在の６匹を含め夫婦で 14 匹の猫飼い歴あり。

猫に GPS をつけてみた　夜の森 半径二キロの大冒険

著者　高橋 のら

2018 年 4 月 20 日　初版第 1 刷発行
2018 年 9 月 8 日　第 2 刷発行

デザイン　髙橋 克治 (eats & crafts)
編集　久留主 茜
編集協力　高橋 順子
企画協力　小島 和子 (NPO 法人 企画のたまご屋さん)

発行者　安在 美佐緒
発行所　雷鳥社
〒 167-0043
東京都杉並区上荻 2-4-12
TEL 03-5303-9766
FAX 03-5303-9567
HP http://www.raichosha.co.jp
E-mail info@raichosha.co.jp
郵便振替　00110-9-97086

印刷・製本　シナノ印刷株式会社

ISBN 978-4-8441-3741-2 C0095

※本書は猫の生態、人間との暮らしを描いたものであり、
　猫の放し飼いを推奨するものではありません。